浙江省碳达峰碳中和科技发展蓝皮书

浙江省科学技术协会　指导

浙江省碳达峰碳中和科技创新联合体　编著

CO_2

中国环境出版集团 · 北京

图书在版编目（CIP）数据

浙江省碳达峰碳中和科技发展蓝皮书/浙江省碳达峰碳中和科技创新联合体编著. —北京：中国环境出版集团，2023.9

ISBN 978-7-5111-5569-6

Ⅰ. ①浙… Ⅱ. ①浙… Ⅲ. ①二氧化碳—节能减排—研究报告—浙江 Ⅳ. ①X511

中国国家版本馆 CIP 数据核字（2023）第 137959 号

出 版 人 武德凯
责任编辑 范云平
封面设计 彭 杉

出版发行 中国环境出版集团
（100062 北京市东城区广渠门内大街 16 号）
网 址：http://www.cesp.com.cn
电子邮箱：bjgl@cesp.com.cn
联系电话：010-67112765（编辑管理部）
发行热线：010-67125803，010-67113405（传真）
印 刷 北京鑫益晖印刷有限公司
经 销 各地新华书店
版 次 2023 年 9 月第 1 版
印 次 2023 年 9 月第 1 次印刷
开 本 787×960 1/16
印 张 10
字 数 150 千字
定 价 88.00 元

绿色低碳创新
浙江实践之果

潘德炉
2023.5.16

成　员

第一章　浙江省推进碳达峰碳中和的战略部署

组　长：吴洁珍

组　员：吴君宏　陶　沛　汤晨怡　卢瑛莹　贾颖娜　陈丽君

第二章　浙江省低碳技术发展现状

2.1　低（零）碳电力技术

组　长：朱松强

组　员：裘立春　张国民　吴恒刚　黄斐鹏　王莞珏　肖　刚　祝培旺　吕洪坤　侯成龙　周拯晔　张卫灵　邹道安　姜婷婷　孙栋健

2.2　绿色智慧电网技术

组　长：郭云鹏

组　员：文福拴　丁　一　周勤勇　胡建根　孙　可　张笑弟　高　强　邹　波

2.3　工业减碳技术

组　长：吴　建　郑友取

组　员：周　舟　倪吴忠　程远哲　朱剑秋　杨　彬　赵会芳　杨永进　邵振华　陆文荣　朱英杰　赵以勇　杨书梅　金亦豪

2.4　建筑、交通领域低碳技术

组　长：葛　坚

组　员：陈淑琴　金　盛　俞小莉　梁利霞　徐铨彪　李本悦　蒋玲茜

2.5　氢能源技术

组　长：王惠挺

组　员：王建国　孙士恩　官万兵　陈立新　吕鹏宏　厉劲风　张睿明
包志康

2.6　CCUS 技术

组　长：方梦祥

组　员：程　军　王　涛　洪　义　张士汉　韩　龙　李　超　彭亚旗
赵金龙　徐卫国　刘含笑　李剑锋

2.7　碳汇技术

组　长：周国模

组　员：姜培坤　吴　明　李宏亮　应苗苗　李　翀　徐　林　邵学新
邬建红　孔德雷

2.8　碳监测评估技术

组　长：方双喜　徐江荣

组　员：臧昆鹏　徐立恒　刘劲松　杜华强　纪舜君　丁　宁　方雪坤
唐俊红　张羽中　徐宏辉　杨虎林　夏　峥　王坤阳　陈圆圆

2.9　低碳管理

组　长：石敏俊

组　员：方　恺　顾　蕾　蒋惠琴　闫　丹　王小颖

第三章　浙江省碳达峰碳中和科技发展创新平台

组　长：高峰莲

组　员：林青阳　胡正峰　许明珠　陈虹宇　张秋奕

第四章　浙江省碳达峰碳中和科技发展展望

组　长：卢瑛莹

组　员：石敏俊　吴洁珍　吴君宏　陶　沛　贾颖娜　汤晨怡

序

PREFACE

实现碳达峰碳中和“双碳”目标，是以习近平同志为核心的党中央统筹国内、国际两个大局作出的重大战略决策。推进碳达峰碳中和工作，是我国进入新发展阶段后，破解资源环境约束突出问题、实现可持续发展的迫切需要，是顺应技术进步趋势、推动经济结构转型升级的迫切需要，是满足人民群众日益增长的优美生态环境需求、促进人与自然和谐共生的迫切需要，是主动担当大国责任、推动构建人类命运共同体的迫切需要。科技创新在实现“双碳”战略目标中起着支撑引领作用，是打造清洁低碳安全高效的能源体系和绿色低碳循环发展的经济体系的核心关键。习近平总书记多次强调要加快绿色低碳科技革命，狠抓绿色低碳技术攻关，加快先进适用技术的研发和推广应用。

浙江省是习近平新时代中国特色社会主义思想的重要萌发地，也是“绿水青山就是金山银山”理念的发源地，实现碳达峰碳中和更是浙江省高质量发展建设共同富裕示范区的题中之义，也是推动绿色低碳发展的必由之路。在双碳战略目标下，浙江省立足经济发展、能源安全、碳排放和居民生活四个维度，重点聚焦“4+6+1”变革跑道①，科学谋划“1+N+X”②政策体系，印发了《关于完整准确全面贯彻新发展理念做好碳达峰碳中和工作的实施意见》《浙江省碳达峰碳中和科技创新行动方案》等文件，“6+1”重点领域绿色低碳转型有序推进，多领域、多层级、多样化低（零）碳发展模式取得突破，全省“双碳”工作不断迈上新台阶。

推进实现“双碳”目标是新时代经济社会转型发展的“新长征”，是发展绿色经济最优路径。总结浙江“双碳”实践经验，有利于站在更高的起点谋划浙江省加快构建绿色低碳创新体系，推动低碳前沿技术研究和产业迭代升级，抢占碳达峰碳中和技术制高点，在全国范围内下好“先手棋”、当好“排头兵”，为全国科技界以及相关行业、领域、地方和企业碳达峰碳中和科技创新工作的开展发挥重要指导作用。

《浙江省碳达峰碳中和科技发展蓝皮书》的编著历时一年有余，从框架拟定，到初稿形成，再到反复打磨，今年终于与各位读者见面。作为一部率先针对省域的以碳达峰碳中和科技发展为主题的蓝皮书，该书阐述了浙江省推进碳达峰碳中和的战略部署和目标任务，聚焦科技创新这一重大变量，系统梳理了浙江省在低（零）碳电力技术、绿色智慧电网技术、工业减碳技术、建筑及交通领域低碳技术、氢能源技术、CCUS（碳捕集、利用与封存）技术、碳汇技术、碳监测评估技术、低碳管理等 9 大领域的低碳主流技术发展现状、典型应用案例与科技发展创新平台，研判双碳目标下全省低碳科技发展趋势，深刻展示了浙江省在碳达峰碳中和领域多项具有前瞻性和创新性的科技创新方案。

---

① “4+6+1”变革跑道是指重点聚焦能耗总量、能耗强度、碳排放总量、碳排放强度四个指标，加快能源、工业、建筑、交通、农业和居民生活六大重点领域绿色低碳转型，发挥科技创新这一关键变量，推动实现碳达峰碳中和。

② “1+N+X”，其中，“1”是指《关于完整准确全面贯彻新发展理念做好碳达峰碳中和工作的实施意见》。“N”是指《浙江省碳达峰实施方案》和“6+1”领域及分区域碳达峰实施方案。“X”是指碳达峰碳中和相关配套政策。

本书是在浙江省科学技术协会的指导下，由浙江省碳达峰碳中和科技创新联合体牵头，集聚百余名浙江省“双碳”领域权威专家进行编撰的。其间，得到了浙江省政府相关部门的大力支持和省内外专家的悉心指导，在此一并表示衷心的感谢！我们希望通过本书的出版，能够为学术界、产业界、金融界等领域的工作者提供“双碳”实践经验和典型做法，为政府部门相关政策的制定和完善提供重要依据和参考，为全国推动“双碳”工作贡献浙江智慧和力量。

高 翔

中国工程院院士

浙江省碳达峰碳中和科技创新联合体名誉主席

目录
CONTENTS

第一章　浙江省推进碳达峰碳中和的战略部署 / 1

1.1　碳达峰碳中和是系统性变革 / 3

1.2　浙江省推进碳达峰碳中和的目标任务 / 5

1.3　科技创新是推进碳达峰碳中和的重大变量 / 7

1.4　浙江推进低碳科技发展的重点工作 / 8

第二章　浙江省低碳技术发展现状 / 11

2.1　低（零）碳电力技术 / 14

2.1.1　零碳电力技术 / 16

2.1.2　低碳电力技术 / 20

2.1.3　储能技术 / 23

2.1.4　发展趋势 / 25

2.2　绿色智慧电网技术 / 26

2.2.1　共性基础支撑技术 / 28

2.2.2　新能源消纳提升和高效送出技术 / 29

2.2.3　电网灵活组网和稳定运行技术 / 31

2.2.4 负荷灵活互动和能效提升技术 / 33
2.2.5 多元复合储能应用和弹性支撑技术 / 35
2.2.6 发展趋势 / 37
2.3 工业减碳技术 / 39
2.3.1 钢铁行业 / 41
2.3.2 建材（水泥）行业 / 43
2.3.3 石化行业 / 44
2.3.4 化工行业 / 46
2.3.5 造纸行业 / 49
2.3.6 化纤行业 / 52
2.3.7 纺织（印染）行业 / 53
2.3.8 发展趋势 / 55
2.4 建筑、交通领域低碳技术 / 57
2.4.1 建筑领域 / 58
2.4.2 交通领域 / 62
2.4.3 发展趋势 / 65
2.5 氢能源技术 / 67
2.5.1 氢气制取技术 / 69
2.5.2 氢储运技术 / 70
2.5.3 氢应用技术 / 72
2.5.4 氢安全技术 / 73
2.5.5 发展趋势 / 74
2.6 CCUS 技术 / 76
2.6.1 CO_2 捕集技术 / 77
2.6.2 CO_2 压缩与运输技术 / 80
2.6.3 CO_2 利用与封存技术 / 81

2.6.4 发展趋势 / 84

2.7 碳汇技术 / 85

2.7.1 森林固碳增汇 / 86

2.7.2 海洋稳碳增汇 / 90

2.7.3 湿地保护促汇 / 92

2.7.4 农业固碳减排 / 94

2.7.5 发展趋势 / 96

2.8 碳监测评估技术 / 98

2.8.1 碳监测设备研发和技术集成 / 99

2.8.2 碳源汇监测评估技术 / 100

2.8.3 碳足迹评估技术 / 106

2.8.4 发展趋势 / 106

2.9 低碳管理 / 108

2.9.1 碳金融模式 / 109

2.9.2 碳效码定量评估模式 / 111

2.9.3 碳足迹、碳标签模式 / 113

2.9.4 低碳生活与碳普惠模式 / 114

2.9.5 “绿色低碳赋能共同富裕”新模式 / 116

2.9.6 发展趋势 / 117

第三章 浙江省碳达峰碳中和科技发展创新平台 / 119

3.1 “双碳”科技创新平台 / 121

3.2 “双碳”科技创新企业 / 130

3.3 “双碳”领域科普平台 / 132

3.4 发展趋势 / 136

第四章 浙江省碳达峰碳中和科技发展展望 / 137

4.1 超前部署，在突破关键核心技术上彰显浙江示范 / 139

4.2 改革创新，在构建管理体制机制上打造浙江样板 / 140

4.3 数字赋能，在深化精准智治体系上展现浙江特色 / 141

4.4 重点突破，在创建先进科创平台上夯实浙江优势 / 141

4.5 引育结合，在会聚高端科技人才上贡献浙江智慧 / 142

4.6 转化激励，在培育创新创业主体上释放浙江活力 / 142

第一章

浙江省推进碳达峰碳中和的战略部署

1.1 碳达峰碳中和是系统性变革

实现碳达峰碳中和，是以习近平同志为核心的党中央统筹国内、国际两个大局作出的重大战略决策，是着力解决资源环境约束突出问题、实现中华民族永续发展的必然选择，是构建人类命运共同体的庄严承诺。推动实现碳达峰碳中和，本质上是推动经济发展与碳排放“脱钩”，真正步入绿色低碳的新发展阶段。

实现碳达峰碳中和是贯彻新发展理念的本质要求。碳达峰碳中和是一场广泛而深刻的经济社会系统性变革。要完整准确全面贯彻新发展理念，破除传统思维定式，破除高碳发展路径依赖，从根本上转变发展理念。党的二十大报告提出，立足我国能源资源禀赋，坚持先立后破，有计划、分步骤实施碳达峰行动。从国家层面看，我国提出碳达峰碳中和是超常规举措。从碳达峰到碳中和，欧盟历时 70 年左右，美国、日本预计 40 年左右。我国是碳排放量最大的发展中国家，距碳达峰还有不到 10 年，从碳达峰到碳中和仅有 30 年，远远短于发达国家所用时间。从浙江省层面看，近年来围绕国家清洁能源示范省建设，加快推动绿色低碳转型，能耗强度、碳排放强度稳步下降，能效碳效水平居全国前列。但随着经济社会发展及居民生活水平的提升，能源需求仍将呈现刚性增长，浙江省“双碳”工作面临严峻挑战。一方面，能源绿色低碳转型与安全保障面临重大挑战，浙江省可再生能源资源禀赋一般，面临高峰缺电力、年度缺电量、相当长时期缺清洁电量的局面；另一方面，工业结构调整任务艰巨，战略性新兴产业还未形成有力支撑，传统产业距离国际先进水平仍有差距。

实现碳达峰碳中和是统筹四个维度的路径选择。实现碳达峰碳中和，是一项多维、系统、立体的工程，涉及生产和生活、经济和社会、政府和市场各方面各领域，需妥善处理好发展和减排、转型和稳定、整体和局部、短期和中长期的关系，努力在确保能源安全、满足人民群众对美好生活需要的基础上，以最小的碳排放实现更好的发展。高质量发展是硬任务，浙江省第十五次党代会提出，到2027年，全省地区生产总值达到12万亿元，人均地区生产总值达到17万元。能源安全是硬底线，2020年浙江省能源消费总量为2.47亿t标准煤，全社会用电量4 830亿kW·h，未来仍将保持较快增长。立足浙江省能源资源禀赋，短期内可再生能源和核电难以成为浙江能源供应的主力，如何确保能源平稳有序供应面临严峻挑战。碳排放是硬约束，碳达峰碳中和是国家承诺，浙江既要按照“全国一盘棋”实现“双碳”目标，又要避免高碳锁定和高位达峰。百姓品质生活是硬需求，推进“双碳”的出发点和落脚点在于以人民为中心，处理好减污降碳与改善民生之间的关系。只有统筹好经济发展、能源安全、碳排放、居民生活4个维度，才能在多重约束条件下找到多目标协同实现的有效路径。

实现碳达峰碳中和是现代化先行的战略机遇。实现碳达峰碳中和既是重大挑战，也蕴含着重大机遇。一是低碳产业将迎来重大发展机遇。浙江省清洁能源、数字产业等低碳产业将获得更大的发展空间，创造和形成巨大的产业链。浙江省太阳能光伏、风电等新能源产业优势明显，未来有条件抢抓低碳产业发展的历史风口。二是低（零）碳技术大突破迎来新机遇。低（零）碳技术将成为国际竞争的重点领域，先进的深度脱碳技术和发展能力将成为国家核心竞争力的重要体现。浙江省在清洁能源、新能源汽车、节能降碳等重点低碳领域的关键核心技术攻关成效显著，有条件超前布局，抢占绿色低碳科技革命的先机。三是数字化与绿色低碳融合裂变将带来新机遇。利用数字化“轻资产”破解能源领域“重资产”的传输时空损耗难题，利用大数据、物联网等技术推动制造业生产系统优化升级，将有效挖掘节能减碳潜力。通过节能环保和信息消费的跨界融合，将衍生出低碳生活新模式、新服务、新业态。

1.2 浙江省推进碳达峰碳中和的目标任务

2021年是“双碳”工作的起步之年，浙江省立足经济发展、能源安全、碳排放和居民生活4个维度，有序推进“6+1”领域的绿色低碳转型，低碳零碳试点示范亮点纷呈，“双碳”数智平台上线运行，碳达峰碳中和工作取得了积极成效。

一是开展碳达峰系统性研究。初步摸清了浙江省碳排放家底，识别了关键排放领域，从消费侧[①]看，2020年浙江省工业领域碳排放占比为63.3%，建筑、居民生活、交通、能源和农业领域碳排放占比依次为10.6%、9.7%、8.3%、6.8%和1.3%，工业结构调整是关键。围绕4个维度，基于经济社会发展目标、能源消费需求、产业结构调整、重大项目建设等多重因素，聚焦能耗总量、能耗强度、碳排放总量、碳排放强度4个指标，对标对表分析碳减排潜力，开展多场景分年度测算，科学设定碳达峰目标，提出了能源、工业、建筑、交通、农业和居民生活六大重点领域碳达峰的实现路径。浙江省在全国率先召开碳达峰碳中和推进会，全面部署推进各项工作，打响实现碳达峰碳中和的第一枪。

二是高标准谋划政策体系。谋划构建“1+N+X”政策体系，浙江省印发《关于完整准确全面贯彻新发展理念做好碳达峰碳中和工作的实施意见》，编制《浙江省碳达峰实施方案》，统筹推进浙江“6+1”重点领域和11个设区市的碳达峰实施方案及一系列配套政策编制，初步形成以碳达峰碳中和实施意见为指引，碳达峰实施方案为核心，分领域分区域碳达峰实施方案为支撑，财税、金融、考核、标准等一系列配套政策为保障的政策体系。

---

① 消费侧：工业、建筑、居民生活、交通、农业5个终端领域碳排放为化石燃料燃烧直接排放以及电力、热力消费导致的间接排放的总和，能源领域的碳排放仅包括电力输配过程中的损耗以及能源加工转换过程中的自用汽、厂用电等导致的碳排放。

三是推动重点领域绿色低碳转型。积极稳妥推进能源绿色低碳转型，首批30个整县（市、区）屋顶分布式光伏项目全部列入国家试点，加快推进白鹤滩至浙江±800千伏特高压直流输电工程、三门核电二期等重点项目，建成海盐核能供热工程。大力推进产业节能降碳，启动实施新一轮制造业“腾笼换鸟、凤凰涅槃”攻坚行动，2021年整治高耗低效企业5 479家，规上工业单位增加值能耗同比下降5.8%。开展全域重点行业建设项目碳评价试点，累计纳入试点的项目共163个。发布全国首创浙江减污降碳协同增效指数和应用场景，积极落实国家严控第一批氢氟碳化物化工生产建设项目要求，常态化推进氢氟碳化物等非二氧化碳温室气体削减工作。推动建筑领域绿色提升，全年新增装配式建筑1.13亿m^2、可再生能源建筑应用面积2 759万m^2。加快交通领域低碳转型，2021年完成集装箱海铁联运120.4万标箱，位居全国第二。全省新增和更新新能源公交车、出租车比例分别超过90%、80%。推进农林减排增汇，完成7 600台变型拖拉机清退，压减渔船400余艘，建成高标准农田逾百万亩，新增绿化面积45.13万亩①，完成森林质量精准提升218.1万亩。推行绿色低碳生活，实现快递包装、绿色建材等领域绿色认证全覆盖，新增绿色产品获证企业131家。

四是加强数字化和试点示范。按照“跨领域、场景化”“大场景、小切口”要求，着力构建碳达峰碳中和数智体系。印发“双碳”数智平台建设行动方案，完成应用架构体系搭建，推进碳账户、节能降碳“e本账”、碳统计核算与预测预警、碳账户金融、碳普惠等重大应用场景建设，推进跨领域、跨区域、跨层级业务集成。各地在“双碳”数字化改革中取得积极成效，涌现出湖州碳效码、萧山“双碳”大脑、临安天目碳中和等一系列创新场景应用。积极推进低（零）碳试点体系建设，省级层面印发低（零）碳试点建设指导意见，提出“点线面”②“十百千”③试点工程，已形成第一批11个低碳试点县、24个低（零）

① 1亩≈666.67 m^2。

②“点线面”是指关键领域点上突破、重点领域线上推进、“县镇村”面上示范。

③“十百千”是指到2025年，浙江省要建成30个低碳试点县、100个低（零）碳试点乡镇（街道）和1 000个低（零）碳试点村（社区）。

碳乡镇、200 个低（零）碳村、10 个绿色低碳工业园区、100 个绿色工厂、4 个林业增汇试点县、11 个林业碳汇先行基地的试点体系。

1.3 科技创新是推进碳达峰碳中和的重大变量

科技创新是实现绿色低碳发展的根本之路，也是推进清洁低碳安全高效的能源体系构建（发电端）、重点行业领域绿色低碳转型（消费端）、固碳增汇核心技术研发（固碳端）的关键抓手。依靠科技创新推动实现“双碳”目标已成为全球共识。

科技创新是新一轮能源革命的主引擎。纵观人类历史，历次工业革命都伴随着能源体系的重大变革。在碳达峰碳中和目标的驱动下，全球新一轮能源变革正蓬勃兴起，可再生能源、氢能、储能等新兴能源技术正以前所未有的速度加快迭代，其中科技创新是助推能源转型变革的核心驱动力。美国、欧盟及日本等全球主要经济体纷纷部署绿色低碳技术创新，致力于解决主体能源向绿色低碳过渡、多能互补耦合利用、终端用能深度电气化、智慧能源网络建设等重大战略问题，支撑碳达峰碳中和目标实现。加快实现能源科技自立自强，是推动能源革命的必然要求，也是应对世界百年未有之大变局、实现“双碳”目标的必然选择。

科技创新是产业绿色发展主旋律。科技创新孕育着新的经济形态，催生新兴产业蓬勃发展，倒逼传统产业转型升级，为产业绿色发展注入新动力。联合国工业发展组织发布的《2022 年工业发展报告》称，越来越多的国家出台了与绿色投资相关的战略政策，并将科技创新视为产业绿色发展的战略重点。通过加快技术革新创新步伐，积极推动能源、工业、交通、建筑等传统高碳排放行业绿色转型升级，从而推进产业结构往高端化、绿色化发展。产业绿色低碳发展也意味着将科技创新贯穿于企业生产全过程，并与产业转型升级相结合。通过科技创新，产业的发展不再依赖高耗能、高污染、高排放，发展方式也由要素驱动向创新驱动转变。因此，要牢牢把握低碳科技创新这一绿色产业变革潮流的历史机遇，推进产业绿色低碳化发展，加快构建低碳工业体系。

科技创新是固碳增汇的重要推动力。生态碳汇、CCUS 等负排放关键技术作为“固碳端”，是削减碳排放，实现碳中和，缓解全球气候变化的重要路径。陆地生态系统和海洋生态系统固碳增汇能力的提升，种植业、畜牧业、渔业养殖等固碳减排技术的创新，CCUS 基础研究和关键技术的攻关，都将在提升生态工程固碳增汇效益、解决钢铁水泥等重点行业碳排放问题等方面提供关键科技支撑。然而，目前生态碳汇机理尚未明晰，科学计算方法还存在较大的不确定性，CCUS 与大规模全流程集成示范存在一定差距。因此，要以科技创新这一关键变量为抓手，建立碳库核算新方法、碳汇潜力评估新技术，研发固碳增汇技术。同时，分阶段、分重点、分目标推进低能耗、低成本和高安全性 CCUS 技术的研发，推动 CCUS 技术在工业领域实现规模化应用，发挥科技创新在固碳增汇领域的引领支撑作用。

1.4 浙江推进低碳科技发展的重点工作

浙江省历来重视绿色低碳技术领域创新发展，在政策规划、创新平台建设、关键技术与产业发展等方面取得巨大进展。

一是政策规划先行引领。“双碳”目标提出后，浙江便系统谋划绿色低碳技术创新发展。2021 年 6 月，浙江省委科技强省建设领导小组印发《浙江省碳达峰碳中和科技创新行动方案》，使浙江成为全国最早发布科技创新行动方案的省份。提出了以数字化改革为引领，按照“四个体系”要求明确主要目标和具体举措，重点实施“基础前沿研究、关键核心技术创新、先进技术成果转化、创新平台能级提升、创业创新主体培育、高端人才团队引育、可持续发展示范引领、低碳技术开放合作”八大工程 22 项行动。2022 年 3 月，浙江省生态环境厅与浙江省科技厅联合印发《浙江省推进生态环境科技帮扶行动计划实施方案》，深化科技特派员制度，充分发挥科技在减污降碳中的支撑引领作用。2022年6月，浙江省委科技强省建设领导小组办公室印发《浙江省“蓝碳”科技创新专项行动方案》，进一步发挥海洋对实现“双碳”目标的重要支撑作用，推动海洋产业生态化、海洋生态产业化。

二是平台载体创新提级。系统打造新型实验室、技术创新中心体系。2021年11月，浙江省碳达峰碳中和科技创新联合体正式成立，致力于打造“跨界融合、协同开放”的创新驱动助力“双碳”平台。2022年6月，能源与碳中和浙江省实验室（白马湖实验室）正式挂牌。截至2022年年底，浙江省拥有能源清洁利用、亚热带森林培育等 5 家国家重点实验室，太阳能利用及节能技术等71家省级重点实验室，化学储能电源等7家省级工程技术研究中心，秀洲光伏等 5 个产业创新服务综合体。全省拥有碳达峰碳中和领域国家高新技术企业2 400余家、省级企业研究院65家。2021年5月，国家发展和改革委员会同意在浙江设立国家绿色技术交易中心，争取建成具有国内引领性、国际影响力、全面开放的市场化绿色技术交易综合性服务平台。科研人才培养体系初步形成，启动领军型创新创业团队等重大人才工程，大力引进培育国内外高端人才和团队，目前全省拥有先进能源材料、海洋潮流能开发等省领军型创新创业团队18个、在浙两院院士6名。

三是低碳技术走在前列。在“双碳”目标推动下，浙江省绿色低碳技术创新进入活跃期。2021年，浙江省设立“碳达峰碳中和关键技术研究和示范”科技攻关专项，聚焦可再生能源、储能、氢能、蓝碳、绿碳等领域，组织实施“尖兵”“领雁”攻关项目 60 项，初步形成了一批技术与产业发展优势领域。单晶硅、多晶硅电池转化效率全国领先；塔式熔盐储能光热发电全流程核心技术实现突破并成功产业化；气态、液态储氢技术全球领先，氢燃料电池电堆、关键材料、零部件和系统集成等形成了完整的研发制造体系；竹林土壤提质增汇、竹林碳汇遥感监测、脆弱人工林生态修复等生态碳汇技术国内领先，开展了大规模应用示范；先进碳捕集材料、二氧化碳（CO_2）微藻和矿化利用、高效传质传热装备、新型低碳建材和整体工艺等形成了一系列具有自主知识产权的核心技术。

第二章

浙江省低碳技术发展现状

实现“双碳”目标，科技支撑是关键。“双碳”目标实现是一场广泛而深刻的经济社会系统性变革，涉及面极其广泛，将倒逼产业结构绿色优化与能源结构低碳调整。在产业结构绿色优化方面，“双碳”目标要求我国深化供给侧结构性改革，推进产业化结构绿色化发展，加快构建低碳工业体系，加速我国淘汰高能耗和高碳产业低碳转型；在能源结构调整方面，碳达峰碳中和意味着要改变以煤炭为主的高碳能源结构和电力系统，转向以清洁能源为主的低碳能源结构和构建以新能源为主的新型电力系统。面对具有挑战性的“双碳”目标，只有进一步用好科技创新这一关键变量，针对能源与工业等重点领域加快构建低碳绿色技术创新体系，强化低（零）碳技术、装备与产品等相关领域的基础研究、技术开发与工程应用，才能为碳达峰碳中和高质量实现提供有力的支撑与保障。

浙江省碳达峰碳中和涉及工业、能源、建筑、交通、农业与居民生活六大领域，推进浙江省碳达峰碳中和工作，需要将碳达峰碳中和工作纳入经济社会发展全局，统筹经济发展、能源安全、碳排放与居民生活，重点实施能源低碳绿色转型升级与节能降碳增效，针对钢铁、建材、石化、化工、造纸、化纤、纺织等行业推进工业领域低碳绿色发展，以提高建筑能效与优化建筑用能结构为重点开展建筑全过程低碳转型，通过交通全链条迭代升级推进低碳绿色交通运输体系建设，依托当前山水林田湖海系统推进生态系统固碳增汇，以节约、低碳、绿色为导向培育全省人民低碳绿色的生活理念与消费模式。

围绕浙江省碳达峰碳中和相关领域低碳绿色转型发展的需求，亟须充分发挥科技创新的支撑引领作用。基于浙江省“双碳”总目标以及不同时期的阶段性目标，聚焦低碳绿色发展关键核心技术，创新科研攻关机制，构建市场导向的低碳绿色技术创新体系，大幅提高低碳绿色前沿技术原始创新能力，推动低碳前沿技术研究和产业迭代升级。推进零碳电力技术、零碳非电能源技术创新发展，围绕化工、纺织、建材、钢铁、石化、造纸与化纤等高碳行业推进工业领域零碳流程重塑。聚焦低碳建筑、低碳交通、低碳生活等领域需求，通过低碳技术单元集成与优化着力发展装配式建筑、交通低碳燃料替代、智能交通、综合能源等核心技术。开展海洋蓝碳、森林绿碳、农业固碳减排、生态保护与修复等稳碳增汇技术攻关，系统部署生态碳汇技术。聚焦碳捕集与利用，加快研发碳捕集先进材料、专用大型 CO_2 分离与换热装备、CO_2 资源化利用等关键核心技术，突破烟气 CO_2 捕集、CO_2 矿化及微藻利用等技术难题，实现 CO_2 资源化利用。

本章围绕低碳电力技术，绿色智能电网技术，工业（钢铁、建材、石化、化工、造纸、化纤、纺织）减碳技术，建筑、交通领域低碳技术，氢能源技术，CCUS 技术，碳汇技术，碳评估监测技术，以及低碳管理等，从技术成熟度、技术经济性等维度对浙江省的低碳技术现状进行分析，对这些技术在浙江省的应用现状以及未来发展前景进行研究讨论。在此基础上，对这些技术的进一步优化与规模化应用部署提出建议，为浙江省“双碳”目标的顺利推进提供科技支撑与实践参考。

2.1 低（零）碳电力技术

浙江省既是经济大省，也是能源消费大省。2021 年，浙江省全社会累计用电量达到 5 514 亿 kW·h（外来电量占 1/3），同比增长 14.17%，继山东、广东、江苏之后，成为全国第四个用电量超过 5 000 亿 kW·h 的省份；最高负荷 1.002 2 亿 kW，同比增长 8.1%，首次突破亿级千瓦；峰谷差已超过 3 450 万 kW，是全国峰谷差最大的省份之一。全省电力总装机约 1 亿 kW，浙江电能占终端能源消费比重达 36.1%，高于全国平均水平 9.1 个百分点，预计未来电能在终端能源的比重将不断上升，能源领域供给侧 CO_2 排放量约占全省排放量的 63%。为此，浙江省将构建以低（零）碳电力为主的新型电力系统，持续致力于零碳电力、低碳电力和储能技术的研究与应用。浙江省发电装机结构趋势如图 2.1-1 所示。

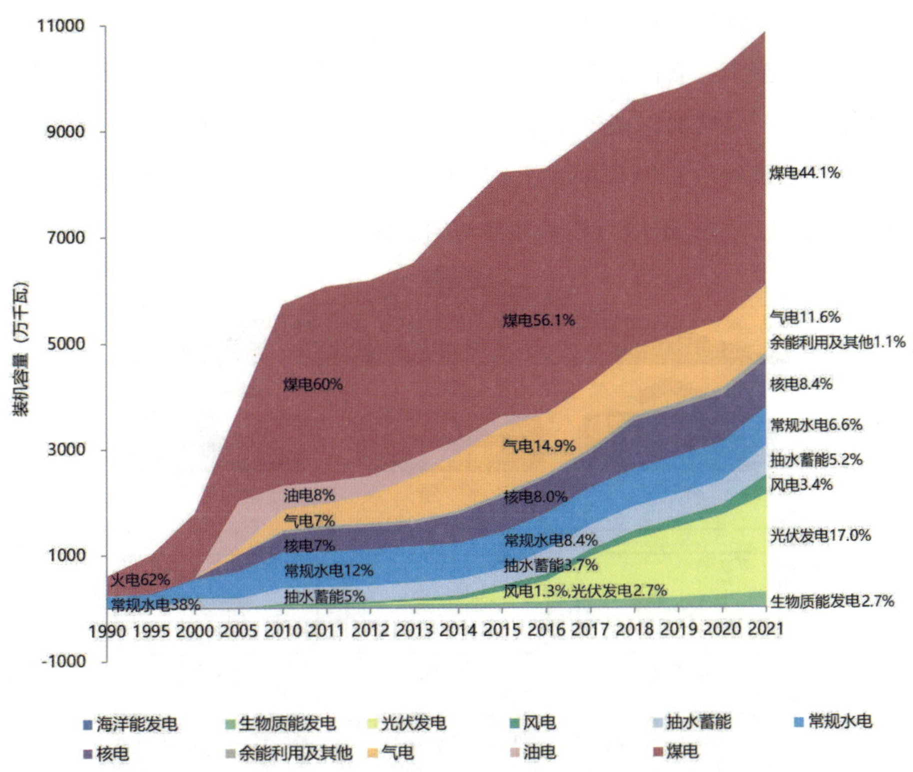

图 2.1-1　浙江省发电装机结构趋势

零碳电力技术主要包括太阳能发电、风能发电、核能发电、生物质与海洋能发电等非化石能源发电技术，目前浙江省装机 4 000 万 kW，预计“十四五”期末将达 6 600 万 kW。全省正努力打造零碳电力技术顶级团队和技术名片，引领若干产业发展。

低碳电力技术主要包括先进高效煤电、煤电负荷灵活性、低碳燃料耦合和先进气电等化石能源减碳技术，目前浙江省碳基燃料发电装机 6 000 万 kW，于“十三五”期间在全国率先实现超低排放，该技术荣获 2017 年国家技术发明一等奖。省内 6 000 kW 及以上火力发电标煤耗为 281 g/（kW·h），优于全国 305 g/（kW·h）的平均水平。

储能技术主要包括抽水蓄能、电化学储能和电-热-冷-燃料综合储能等。截至“十三五”期末，省内抽水蓄能电站装机 458 万 kW。浙江省在新型储能产业发展上具有一定优势，截至 2021 年年底，全省累计建有电化学储能电站 31 个，总装机规模约 7.6 万 kW。“十四五”期间，将建成新型储能装机规模约 300 万 kW。低（零）碳电力技术体系如图 2.1-2 所示。

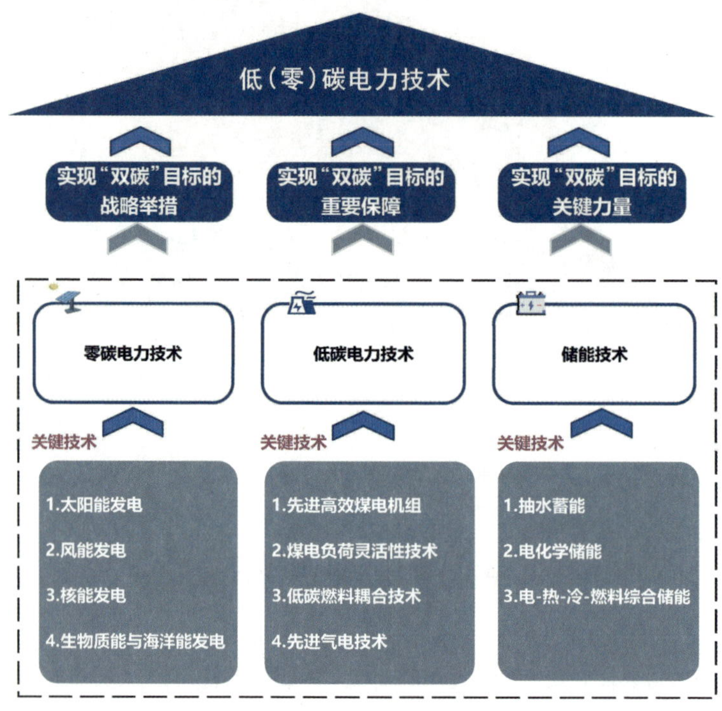

图 2.1-2 低（零）碳电力技术体系

2.1.1 零碳电力技术

2.1.1.1 太阳能发电

光伏发电技术研究走在全国前列。通过技术革新，不断提高光伏组件效率，持续降低系统成本，省内光伏上网电价从 2015 年的 1.1 元/（kW·h）降到 0.415 3 元/（kW·h），初步实现平价上网目标。国内主流晶硅电池效率为 23%～23.5%、组件效率为 20%～21%。省内湖州基地量产的新型晶硅技术——异质结电池的平均效率为 24.5%，处于国内第一梯队。浙江省太阳能利用及节能技术重点实验室研发的钙钛矿小电池效率已突破 24%，主工艺大电池效率达 14%（400 cm^2）；钙钛矿-晶硅叠层电池最高效率达 28.2%。省内企业以钙钛矿小组件温态功率输出 21.4%的转换效率，获得世界效率榜冠军，并于 2022 年第一季度实现百兆瓦产线规模化量产；开发的钙钛矿-晶硅四端子叠层组件，在面积约 20 cm^2 的组件上获得了 26.63%的光电转换效率。

光热发电研究与产业化全国领先。太阳能热发电可耦合大规模储热，发电稳定，年均发电效率可达 18%～20%、年利用小时数可达 4 000 h 以上。省内单位研发的太阳能塔式热发电技术处于国际领先地位，应用于德令哈 50 MW 光热电站；参与编制的首部太阳能塔式吸热器的国家标准已经正式发布。省内高校已建成兆瓦级塔式光热发电试验平台，热化学储热温度 800～1 000℃，储热能力和使用寿命达到国际领先水平。

专栏 1　太阳能发电技术典型应用案例

1. 德令哈熔盐塔式光热电站

德令哈熔盐塔式光热电站由浙江中控太阳能技术有限公司建设，2013 年建成中国首座 10 MW 塔式电站；2018 年首批国家太阳能热发电示范项目（50 MW）并网，每年节煤 4.6 万 t、减排 CO_2 12.1 万 t。

2. 嘉兴大型屋顶光伏车棚

2022 年 7 月，嘉兴首个大型屋顶光伏车棚启用，光伏板面积约 2 万 m^2，总容量 3 343 kW，光伏车棚预计每年可发电 350 万 kW·h，可节约标煤 1 012 t。

2.1.1.2　风力发电

风力发电装备与制造居全国前列。省内风电领军企业已完成 7 MW 平台陆上机组的设计；推出低风区大叶轮、中高风区大容量、高风区+台风区抗台型“海风”系列平台化机组；完成 9 MW 级海上风电机组研制，开展了 15 MW 级海上风电和漂浮式风电机组的研制。省内高校牵头开发的近海风电岩土工程灾变防控技术，将我国近海风电岩土工程抗台风能力提升至 14 级以上；研发了亚洲最大容量海上直驱风力发电机，为我国海上风电自主可供提供了核心支撑。

专栏 2　风力发电技术典型应用案例

1. 西藏措美哲古世界最高海拔分散式风电项目

西藏措美哲古作为当时世界海拔最高（5 158 m）的风电场，采用浙江省内企业自主研发制造的超高海拔风电机组，成功填补了全球超高海拔风电开发领域的空白。

2. 全球首座 170 m 超高桁架式塔架风电示范项目

2021 年 10 月，全球首座 170 m 超高桁架式塔架风电机组成功吊装。该类型机组占地面积大幅降低，可靠性好、造价低、适用性强，可灵活运用于多种场景。

3. 临海风光储一体化项目

浙江省首个平价海上风电项目，总装机 30 万 kW，同步建设 20 万 kW 光伏储能电站，是融合大数据、物联网、AI（人工智能）数字海上风电场。

2.1.1.3　核能发电

浙江是核能大省，发电量位居全国第三。秦山核电站总装机容量达 662 万 kW，是国内核电机组数量最多、堆型最丰富、装机容量最大的核电基地。三门核电站建有全球首台 AP1000 机组，三澳核电站在建“华龙一号”自主三代核电。核电站运行管理、关键装备国产化亮点突出。二代、三代压水堆压力容器密封环技术有所突破，制冷阀件全球行业领先，核级冷水机组拥有自主知识产权，自主开发压水堆动态刻棒技术。

专栏3 核能发电技术典型应用案例

1. 秦山核电基地

秦山核电年发电约520亿kW·h，2022年年底建成国家A级标准数据中心，数据中心能效指标降至1.3以下，开启核能零碳数据中心全新产业模式。

2. 三门核电项目

三门核电是全球首批2台“非能动安全技术”三代核电，于2018年发电，二期工程2台消化吸收CAP1000机组投产后将达到500万kW装机容量。

3. 三澳核电项目

三澳核电是一期工程2台“华龙一号”融合技术核电机组，是具有完全自主知识产权的三代压水堆核电创新成果，2022年11月3日1号机组完成穹顶吊装。

2.1.1.4 生物质能与海洋能发电

生物质能发展因地制宜。浙江省内高校研制了国际上首座生物质循环流化床直燃发电锅炉，生物质气化发电技术已经完成中试研究。省内生物质发电专业公司在建、筹建项目建成后，垃圾处理能力增加2万t/d以上，与煤电相比预期减排CO_2 164万t/a。

海洋能发电创新引领全球。浙江省内海洋能发电领军企业已研发全球单机最大的第四代1.6 MW潮流能机组于2022年正式并网运行。

专栏4 生物质能与海洋能发电技术典型应用案例

1. 九峰垃圾焚烧发电项目

国内首创采用“超低排放”烟气处理工艺流程的垃圾焚烧发电项目。2018年4月正式商业运营，全年可处理垃圾量110万t，上网电量约4亿kW·h。

2. 平湖独山港公用热电联产项目

浙江省内首个掺烧污泥热电联产项目，2020 年建成，建设 3 台 180 t/h 燃煤循环流化床锅炉，同时设计掺烧污泥能力 500 t/d。

3. 浙江林东新能源 LHD 潮流能发电机组

世界首座海洋潮流能发电站。该发电站持续不间断发电并网超过 60 个月，暂列全球第一；累计发电超过 267 万 kW·h，发电量位居世界第三。其第四代 1.6 MW 潮流能发电机组是全球单机最大潮流能发电机组，于 2022 年 2 月在浙江舟山海域成功下海，4 月正式并网运行。

2.1.2 低碳电力技术

2.1.2.1 先进高效煤电机组

先进高效是新建煤电机组的持续发展方向。浙江浙能嘉兴发电有限公司建成全国首个燃煤机组污染物超低排放示范项目，为我国 18 亿 t/a 的电煤实现清洁利用提供了解决方案。浙江省目前煤电机组平均 CO_2 排放强度约 830 g/（kW·h），“十三五”期间建设了一批百万千瓦等级高效超超临界机组，为省内电力供应的 CO_2 排放总量的下降起到了重要作用。目前，煤炭正从主体能源向基础能源转变，更高参数、二次再热超超临界等发电技术是实现这一转变的关键技术之一。

灵活高效是在役机组升级改造的方向。浙江省深入开展“三改联动”：亚临界机组实现煤耗下降 10～20 g/（kW·h）；推广全负荷脱硝、APS 一键启停、加装蓄热装置、火-储联合调频等灵活性技术改造；建成首个省级火力发电机组节能减碳分析系统，推动节能低碳监测调度。

专栏 5 先进高效机组典型应用案例

1. 浙江嘉兴电厂超低排放示范项目

2014 年，嘉华电厂实施了超低排放技术，成为全国首个燃煤机组污染物超低排放示范项目，引领了煤电产业发展方向。

2. 先进超超临界二次再热项目

“十四五”时期建设二次再热机组：浙能舟山煤电二期 2×1 000 MW、国能舟山三期 2×660 MW，设计发电煤耗约 250 g/（kW·h）。CO_2 排放强度约 730 g/（kW·h）。

2.1.2.2 低碳燃料耦合技术

清洁分级利用、耦合低碳燃料是碳基能源发展的重要方向。浙江省内高校提出基于双流化床的煤炭分级转化清洁发电技术，系统热效率≥90%。与生物质/固体废物耦合发电，可降低燃煤机组碳排放。660 MW 燃煤机组耦合 20 MW 生物质发电可减排 CO_2 8 万 t/a。

专栏 6 低碳燃料耦合技术典型应用案例

1. 浙江嘉兴电厂燃煤耦合污泥发电项目

全国首个大型火电机组耦合污泥发电项目。通过煤粉炉内的高温环境彻底破坏污泥中有害物质，提高综合利用效率，处理能力 7 万 t/a。

2. 玉环电厂工业固体废物耦合燃烧装置

全国首台（套）百万千瓦机组耦合工业固体废物燃烧装置，处理能力 5 万 t/a，节约标准煤约 4.5 万 t/a。

3. 台州发电厂燃煤锅炉协同处置油污泥项目

全国首批燃煤锅炉协同处置含油污泥项目，实现含油污泥的危险废物再利用，处理能力 5 万 t/a，节约标准煤约 4 万 t/a。

4. 嘉兴新嘉爱斯热电有限公司环保型公用热电联产项目

全国污泥处置十大推荐案例和国家示范项目。建有燃煤锅炉、污泥焚烧炉、生物质焚烧炉等，总装机容量 162 MW，处理污泥 80 万 t/a，消耗生物质料 20 万 t/a；同步建有汽拖空气压缩机组。

2.1.2.3 先进气电技术

天然气发电是短期内实现电量结构优化、落实碳达峰目标的最现实途径。省内拥有一批 9F 级主力燃气机组，CO_2 排放强度约 375 g/（kW·h），主要承担顶峰发电任务；省内企业具备分布式能源联合循环项目的选型能力，能够为客户提供中小型燃气轮机、电站成套设备和高效的整体解决方案；拥有我国规模最大、品种最全的余热锅炉研发和制造基地，持续余热锅炉的技术优化升级，9H 级和分布式能源燃机余热锅炉陆续研发成功。在“双碳”背景下，天然气机组将肩负起更多的发电任务，“十四五”期间规划建设 9H 级燃气机组，CO_2 排放强度约 338 g/（kW·h）。省内能源领域领军企业正在推进兆瓦级掺氢燃气轮机的研发工作；相关企业正积极开展掺氢燃气轮机设计、制造、试验及稳定低排放燃烧技术研究；研发分布式能源系列燃机，推进中小型燃机示范应用。

专栏 7　先进气电技术典型应用案例

1. 常山天然气发电项目

浙江省政府 2011 年部署的“天然气热电联产项目抢建行动计划”项目之一。建有一套三菱 9F 联合循环机组，总装机 458 MW，循环效率 59%。

2.1.3 储能技术

2.1.3.1 抽水蓄能

抽水蓄能实现跨越式发展。在超高水头、超大容量抽水蓄能电站的施工建设、设计制造、安装调试等方面实现跨越式发展。在定速抽水方面达到了世界领先水平；在变速抽水方面，正开展积极探索研究。

专栏 8 抽水蓄能技术典型应用案例

1. 长龙山抽水蓄能电站

6 台 35 万 kW 机组，于 2022 年 6 月建成投运。最高发电水头、最高大容量机组转速、压力钢岔管承受最大载荷三项指标均位居世界第一。

2. 天台抽水蓄能电站

在建总装机容量 170 万 kW，电站额定水头 724 m 世界最高，单机容量 42.5 万 kW，居国内首位，上下引水斜井长度 483.4 m，为全国第一。

2.1.3.2 电化学储能

电化学储能产业布局引领全国。浙江省内拥有一批储能行业知名企业，是铅酸电池领军企业聚集地，已形成铅蓄电池+锂离子电池协同发展及氢燃料电池储备发展的技术体系。开发了水系锌离子电池，能量密度＞40Wh/kg，循环寿命＞2 000 次；开发了基于自组装单分子层调节超长寿命锂金属电池策略，在贫电解质和低容量比条件下全电池稳定循环 500 次，容量保持率＞80%；研发了低成本、高安全、长寿命钠离子电池的关键材料，中试产线于 2022 年投产。

专栏 9　电化学储能技术典型应用案例

1. 华能玉环（30 MW/30 MW·h）火储联合调频项目

该项目采用磷酸铁锂离子电池，是浙江省内首个火储联合调频项目。

2. 萧山发电厂电网辅助服务储能电站

浙江省首个电网辅助服务储能电站，储能电站总容量按发电功率 100 MW、电池组容量 200 MW·h 规划。

3. 浙江电网系列储能项目

已建成电化学储能电站 59.5 MW/128.4 MW·h、移动式智慧储能设备等 17.1 MW/33.5 MW·h，部署云边协同的储能大数据分析系统。

2.1.3.3　电-热-冷-燃料综合储能

电-热-冷-燃料综合储能多元化发展。将建设省内首个绿电熔盐储能项目。固态化学储能循环寿命可达 10 000 次以上，储热温度 800℃以上，与热电厂耦合可进一步降低煤耗、减少污染物排放。积极消纳过剩新能源电力，就地制备甲烷、甲醇、氨等低（零）碳燃料。

专栏 10　电-热-冷-燃料综合储能技术典型应用案例

1. 绍兴熔盐储能项目

该项目的核心熔盐储能技术装备入选国家能源局 2021 年度能源领域首台（套）重大技术装备（项目）名单，供蒸汽量为 84 万 t/a。

2.1.4 发展趋势

2.1.4.1 零碳电力技术是实现“双碳”目标的重要保障

在技术研究方面，进一步提升钙钛矿太阳能电池及钙钛矿-晶硅叠层电池的效率，增大主工艺电池面积。提升太阳能高温储热超临界 CO_2 布雷顿循环的设计点效率。研究 20 MW 级新型结构海上风电、海上漂浮式风电系统及其部件。探索超临界大型潮流能机组稳定发电并网技术。

在工程产业方面，零碳电力技术不断优化结构比例。根据《浙江省电力发展“十四五”规划（征求意见稿）》，“十四五”期末，拟增加外购电量 379 万 kW·h，其中非化石电量比重达到 60%以上；光伏装机容量新增 1 245 万 kW；风电装机容量新增 455 万 kW；在建核电装机规模达到 1 400 万 kW 以上，开展“玲龙一号”、NHR200-Ⅱ低温供热堆与高温气冷堆等应用示范。以上举措实施后，“十四五”期间较 2020 年，累计新增减排 CO_2 约 1.5 亿 t。

2.1.4.2 低碳电力技术是实现“双碳”目标的战略举措

在技术研究方面，研究并应用 650～700℃等级蒸汽参数的煤电技术、超临界 CO_2 循环及联合循环发电技术。推动 30 万 kW 级煤电机组延寿、应急备用或实行容量替换。开展氢、氨、甲醇等低（零）碳燃料在大型锅炉掺烧、混烧的试验研究，提高现役燃煤电厂耦合生物质发电水平。

在工程产业方面，低碳电力技术持续发挥“压舱石”作用，“十四五”期间，新增 632 万 kW 支撑性先进高效煤电机组（达 5 370 万 kW），与省内传统煤电机组相比，5 年预期累计减排 CO_2 约 1 400 万 t。发挥气电过渡支撑作用，推动 H 级燃气-蒸汽联合循环发电示范项目，推动国产化技术突破；推广天然气分布式能源。“十四五”期间，气电装机容量新增 700 万 kW，同时通过替代煤电并提高利用小时数，5 年累计新增减排 CO_2 约 5 000 万 t。以上低碳电力举措实施后，预期“十四五”期间，较 2020 年累计新增减排 CO_2 约 6 400 万 t。

2.1.4.3 储能技术是实现“双碳”目标的关键力量

在技术研究方面，储能技术推动电力系统向适应高比例可再生方向转型。电化学储能将在安全性与能量密度方面取得突破，研发储能模组阻燃、液冷温控技术，深化数字孪生与智能管控技术。在电-热-冷-燃料综合储能方面将开展高温固态化学储能技术研发，同步提升储热稳定温度及储能密度。

在工程产业方面，实现基于储能的“三改联动”和灵活性调峰机组改造与集成技术应用。“十四五”期间，继续开发抽水蓄能电站，新增装机容量340 万 kW。

2.2 绿色智慧电网技术

党的二十大报告提出，要深入推进能源革命，加快规划建设新型能源体系，积极参与应对气候变化全球治理，为能源行业未来发展指明了方向，提供了根本遵循。构建新型电力系统是建设新型能源体系的重要组成部分。从目标上看，新型电力系统需要实现安全可靠、清洁低碳、经济高效“三重目标”，既要保障电力安全可靠供应，又要实现主要由清洁能源发电，还要做到全社会用能用电的成本不能大幅度上升。从问题导向上看，主要是解决浙江省面临的外来能源、新能源“两个不确定性”，浙江省外来电量占比达 1/3 以上，是典型的大受端电网，送端的“风吹草动”将直接影响全省的电力供应。风、光等新能源发电主要是“靠天吃饭”，具有随机性、波动性和间歇性特点，呈现“大装机小电量”特征。因此，浙江要建设新型电力系统，就是要统筹电力保供和低碳转型，着力解决“两个不确定性”的问题，将“系统调节能力提升”作为解决问题的要旨和核心任务。

绿色智慧电网技术充分发挥枢纽平台作用，融合电力系统源-网-荷-储多类型灵活性资源，提升系统调节能力，促进新能源消纳，提高电气化水平，助力经济社会绿色低碳转型。浙江以多元融合高弹性电网为路径建设新型电力系统省级示范区，立足新型电力系统建设路径、电网新形态、安全稳定运行机理、数字化内生安全以及市场政策开展基础研究，重点围绕促进新能源消纳和高效送出、电网灵活组网和稳定运行、负荷灵活互动和能效提升技术、多元储能复合应用和弹性支撑等方面开展先进技术及未来发展趋势研究，构建绿色智慧电网技术体系（图 2.2）。

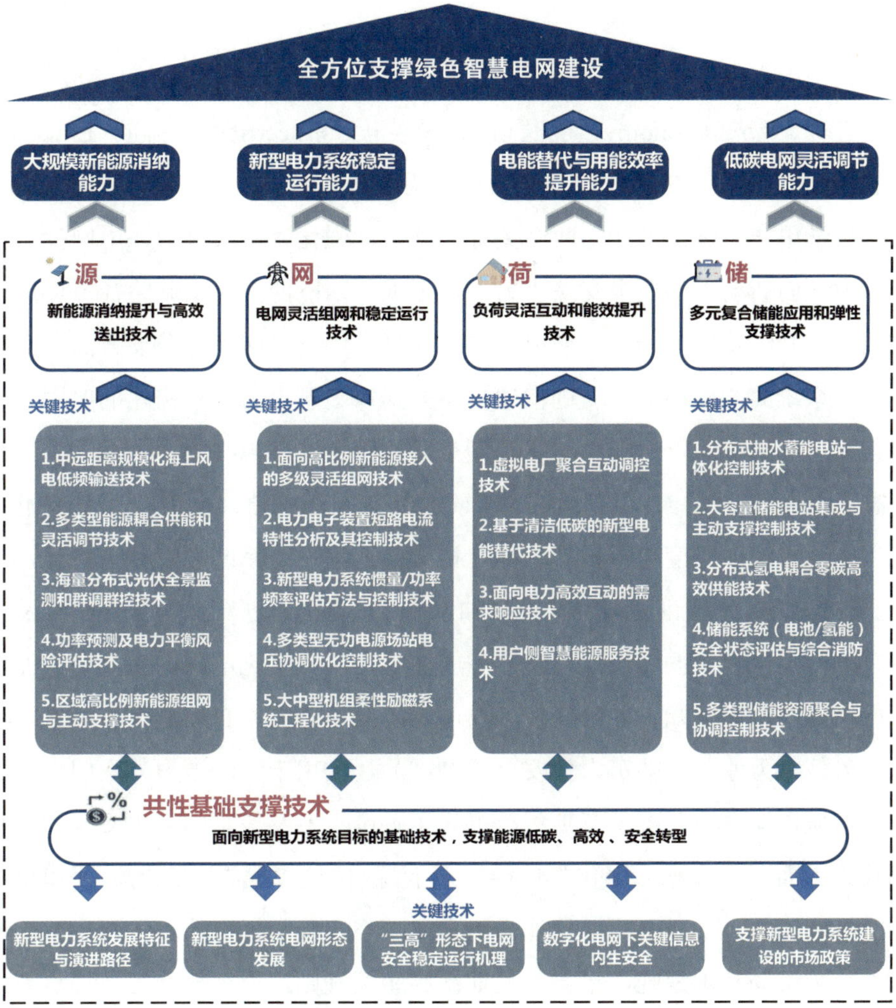

全方位支撑绿色智慧电网建设
大规模新能源消纳能力
新型电力系统稳定运行能力
电能替代与用能效率提升能力
低碳电网灵活调节能力
源
新能源消纳提升与高效送出技术
关键技术
1.中远距离规模化海上风电低频输送技术
2.多类型能源耦合供能和灵活调节技术
3.海量分布式光伏全景监测和群调群控技术
4.功率预测及电力平衡风险评估技术
5.区域高比例新能源组网与主动支撑技术
网
电网灵活组网和稳定运行技术
关键技术
1.面向高比例新能源接入的多级灵活组网技术
2.电力电子装置短路电流特性分析及其控制技术
3.新型电力系统惯量/功率频率评估方法与控制技术
4.多类型无功电源场站电压协调优化控制技术
5.大中型机组柔性励磁系统工程化技术
荷
负荷灵活互动和能效提升技术
关键技术
1.虚拟电厂聚合互动调控技术
2.基于清洁低碳的新型电能替代技术
3.面向电力高效互动的需求响应技术
4.用户侧智慧能源服务技术
储
多元复合储能应用和弹性支撑技术
关键技术
1.分布式抽水蓄能电站一体化控制技术
2.大容量储能电站集成与主动支撑控制技术
3.分布式氢电耦合零碳高效供能技术
4.储能系统（电池/氢能）安全状态评估与综合消防技术
5.多类型储能资源聚合与协调控制技术
共性基础支撑技术
面向新型电力系统目标的基础技术，支撑能源低碳、高效、安全转型
关键技术
新型电力系统发展特征与演进路径
新型电力系统电网形态发展
“三高”形态下电网安全稳定运行机理
数字化电网下关键信息内生安全
支撑新型电力系统建设的市场政策

图 2.2 绿色智慧电网技术体系

2.2.1 共性基础支撑技术

未来电网将呈现新能源接入占比高、电网电力电子化趋势显著、配用电侧多元供需互动密切、数字化技术广泛应用等形态，对新型电力系统发展特征与演进路径、电网形态演变、安全防护、电力市场机制等基础支撑技术提出新的要求。

新型电力系统建设路径方面，分析研究新型电力系统主要特征与发展需求，构建省域“经济（Economy）-能源（Energy）-电力（Electricity）-排放（Emission）”4E平衡推演模型，以系统调节能力提升为核心任务，放大“政策赋能、丰富储能、科学用能、坚决节能”四个关键“能”，强化“电源合力、电网弹力、数字活力、创新动力”四个支撑“力”，形成“四能四力”实施路径，促进能源利用形态升维发展，推进新型电力系统跨越升级。电网形态发展方面，关注新型电力系统的结构特征与演进特性，研究支撑新型电力系统构建的电网规划模拟技术，实现资源价值的时间互补和空间互济，提升电网利用效率。“三高”形态下电网安全稳定运行机理方面，研究高比例新能源、电力电子、外来电“三高”电力系统多尺度稳定机理、稳定裕度制约因素与系统故障暂态特征，完善“三高”系统基础理论和运行特性认知水平，重点部署浙江宽频振荡在线监测预警系统，强化电网振荡事件的感知和应对能力。数字化电网内生安全方面，开展网络威胁态势感知、零信任技术在电网的应用研究，自主研发了拟态防御网关、可信电力业务终端等内生安全防御产品，应用于浙江电力外网门户、杭州泛亚运城市级电力系统示范工程，提升了关键设备及信息的内生安全。配套市场政策方面，完成独立电化学储能、新能源+储能等模式对市场运营和系统弹性的影响评估，形成电化学储能最优市场参与决策和报价策略建议；编制浙江电力现货市场基本规则，完善中长期交易相关规则，设计新能源、抽水蓄能、储能等新兴主体参与市场方案。

专栏 1 绿色交易机制典型应用案例

1. 宁波泛梅山多站合一综合能源及交易机制示范

梅山国际近零碳排放示范区位于宁波舟山港核心港区。通过设计多元融合高弹性电网市场化交易体系，开展试点绿电交易、第三方辅助服务等，探索“机制减碳”，发挥市场推动减碳的作用，开展国内首个绿电交易试点，交易电量达到 1 400 万 kW·h。

2. 国家绿色技术交易中心

该项目以国网浙江省电力有限公司双创中心为主体，建设全国首家国家绿色技术交易中心，制定发布《国家绿色技术交易中心交易规则》等 10 项交易制度和 5 项风险控制制度，建立绿色技术交易规范工作体系、技术标准体系，打造面向全国的绿色技术交易综合性服务平台，推动实施了氢能、储能等前沿绿色技术的工程示范，加快先进适用绿色技术的市场化应用，累计成交绿色技术 261 项，成交金额 4.3 亿元。

2.2.2 新能源消纳提升和高效送出技术

浙江省新能源建设发展迅速，截至 2021 年年底，新能源装机容量达 2 498 万 kW，年发电量 347 亿 kW·h（同比增长 24.8%）。根据浙江省“十四五”时期能源发展规划，风电和太阳能总装机容量 2030 年将达到 5 400 万 kW 以上。面对“风光领跑、多源协调”的能源发展态势，对新能源的送出消纳、预测控制以及主动支撑提出了新要求。

在低频输电技术方面，开展柔性低频输电系统在海岛供电和中远海风电送出等场景的组网及系统运行技术研究，已基本掌握低频系统构建运行、交交换流器仿真与控制等技术，突破 M3C 换频阀、低频断路器、低频变压器等多项首台首套关键技术，建成台州低频输电示范工程，实现海上风机直接低频送出。多类型能源耦合供能方面，突破多类型新能源与新型储能耦合运行与灵活调节技术，于丽水建设风光水储能源汇集站，集升压站、储能站、变电站“三站合一”，破解大规模新能源送出难题。在海量分布式光伏群调群控方面，开展分布式光伏发电实时全景监测技术、网格化功率预测及承载力实时评估方法研究，于海宁尖山、金华磐安建设示范工程，着力提升海量分布式光伏可观、可测、可控的调节能力。新能源预测技术方面，构建“点-线-面”分布式光伏多时空尺度功率预测体系，基于云计算与人工智能技术为全省11个地市的652个分布式光伏电站提供短期、超短期功率预测服务。新能源组网与主动支撑技术方面，开展基于宽频段阻抗重塑的高比例新能源并网运行控制技术研究，并开展光伏+储能联合一次调频控制技术示范。

专栏2　新能源送出与调控技术典型应用案例

1. 台州市大陈岛风电柔性低频送出示范

该项目首创海岛低频互联技术及风机低频接入技术，在国际上首次实现20 Hz低频电能的稳定传输，实现50 Hz与20 Hz电能的交交变换，转换效率大于98.5%。在低频工况下，较工频可以将载流量提升4.49%，有功损耗下降4.22%，容性充电功率下降60.02%。研制了M3C换频阀、低频风机、低频变压器、低频开关柜等一系列首台首套设备。

2. 嘉兴市海宁分布式光伏群控群调示范

基于“云-边-端”控制架构升级群内自治与群间协同多级调控策略，部署分布式电源运行管控边缘网关与分布式电源就地控制终端，实现对尖山区域内下辖25处分布式光伏的集群自动电压控制和自动发电控制，调节集群无功电压分布，优化群内各节点电压，平抑集群功率波动，缓解集群功率倒送情况，提升分布式发电消纳能力。

2.2.3 电网灵活组网和稳定运行技术

新型电力系统需对电力电量平衡、短路电流以及传统电力系统稳定性方面的挑战，宽频振荡等新型安全稳定问题的风险也在不断显现。电网灵活组网水平和稳定运行水平迫切需要提升，以保障能源电力安全、承载消纳新能源、满足经济社会发展电力需求。

在灵活组网方面，依托国家重点研发计划项目“柔性低频输电关键技术”，在杭州开展500 kV供区柔性低频互联示范；攻坚“分散-协同”元胞形态新型配电网关键技术，提升新能源消纳水平和防台抗灾能力，并在温州永嘉示范应用。成果《含高比例分布式新能源的交直流混合微网自主协同调控技术及应用》荣获浙江省科学技术进步一等奖。在短路电流控制技术方面，提出基于开关支路故障电流的短路电流评估方法，突破短路电流柔性抑制关键技术，已应用在500 kV天一变电站和涌潮变电站建设短路电流柔性抑制示范工程中，短路电流降低30%。在惯量-功率-频率控制技术方面，成功研发国内首台多功能复用型储能变流器，实现储能功能复用，实现并网点电能质量的主动控制，已在湖州长兴雉城储能电站完成试点应用。在电压协调控制方面，开展同步机组励磁差异化提升、调相机与换流站无功协调控制、新能源场站自动电压控制优化技术研发与应用，挖掘多类型电源动态无功潜能；研究新型电力系统无功电压新特性，为区域电网的无功电压配置提供量化指导，成果《新能源为主体的交直流混合配电网多元协同运行控制关键技术与应用》荣获中国电力科学技术进步二等奖。在柔性励磁技术方面，首创基于IGBT（绝缘栅双极型晶体管）多电平技术的新一代励磁功率拓扑，突破多变流器并联运行的技术瓶颈，在温州百丈漈水力发电厂小型机组上建设柔性励磁示范工程，提升近1倍的电压支撑能力和振荡抑制水平。

专栏 3　电网柔性运行技术典型应用案例

1. 杭州城市电网 500 kV 供区柔性低频互联示范

该工程为国家重点研发计划项目“柔性低频输电关键技术”示范工程，通过建设低频输电网络，实现杭州电网南部和西部的富阳、昇光、建德三个 500 kV 供区互联互通。解决江北富阳供区 200 MW 的供电缺口和 500 kV 富阳变重载问题，为电网提供 300 MW 动态可调无功补偿，显著提升电网承载能力，重大电网事故失电负荷比例将下降 2/3，可再生能源承载力提升 2 倍，可实现杭州西部 250 万 kW 可再生能源在市域范围内灵活配置。

2. 杭州市、湖州市 220 kV 分布式潮流控制示范

该项目研制了世界上电压等级最高、容量最大的分布式潮流控制器（DPFC），实现线路潮流灵活控制及故障电流限制；实现多时间尺度下协调潮流的优化控制，最快响应时间小于 5 ms；提出了基于不同开关时序特性元件的动态配合保护及重启动策略，实现线路故障后系统潮流的迅速优化。2020 年 10 月，国内首个、全球容量最大的 DPFC 示范工程于浙江湖州投运，双线满出力可转移断面潮流达 14 万 kW。项目成果也应用于浙江杭州，撬动提升输电断面 15 万 ~ 20 万 kW 的供电能力。

3. 宁波市天一变电站短路电流柔性抑制示范

该项目给出了一套短路电流柔性抑制解决方案，创新了短路电流综合控制体系，突破两大关键技术：开断时间不超过 25 ms 的快速开关及出口时间不超过 6 ms 的快速控制保护。并用于 500 kV 宁波天一变电站建设短路电流柔性抑制示范工程，可灵活安排天一变电站与明州、宁海多个变电站联合供区运行，充分利用周边 500 kV 主变变电容量和供区间联络通道能力，减少市区终端变数量，提高局部电网供电能力、供电可靠性。

专栏 4 电力一体化建设典型应用案例

1. 嘉兴市海宁尖山电力源网荷储一体化示范

该项目为首批国家能源局“互联网+”智慧能源示范项目，自主研发国内首套 500 kW 级别碳化硅多端口能量路由器，能量转换效率超过 98.5%；开发国内首套源网荷储协调控制系统，高效统筹各侧资源；建成国内首个四端口柔性互联的中低压交直流混联微电网。区域内新能源装机占比超过 90%，就地消纳能力达到 5.02 亿 kW·h，灵活资源响应能力达到全社会最大负荷的 21%，光伏就地消纳率提升 5%，峰谷差率下降 1%。

2. 长三角一体化示范区嘉善“宜业”微电网示范

该项目为国家电网有限公司首批四个微电网示范项目之一，协同青浦“宜游”、吴江“宜居”以及方厅水院用户微网打造长三角一体化“3+1”微电网示范工程，创新构建交直流互供互济的微网群，拓展氢储能应用新场景，实现微网群调群控和故障自治，保障微电网稳定运行。微电网内供电可靠性达 99.999%，离网运行能力 2 h 以上，微网与主网年交互量小于 30%。

2.2.4 负荷灵活互动和能效提升技术

“双碳”背景下，用户侧趋向高度电气化，以电为主的多种清洁终端用能多能互补和综合梯级利用体系逐步构建。2021 年，浙江完成电能替代电量 101 亿 kW·h，同比增长 7.4%，电能占终端能源的消费比重达 36.1%，高出全国平均水平 9.1 个百分点。随着大量新兴负荷的兴起和分布式电源的广泛接入，电力供需场景复杂化，用户侧海量需求侧资源未被唤醒利用，网荷互动水平有待进一步增强，终端能效水平还有很大提升空间。

在虚拟电厂技术方面，开展虚拟电厂区域聚合方式及集群接入技术研究，探索终端数据互信与低延迟交互技术，在丽水市开展市/县域虚拟电厂的示范。新型电能替代技术方面，探索多时空多行业多用能形式的电能替代潜力，于杭州亚运村、宁波泛梅山开展民宿、港口电能替代示范工程建设。需求侧响应技术方面，关注多类负荷的可调潜力挖掘、辅助决策，全面开展可调节负荷资源池建设，目前已聚集 80 万 kW 可调节能力，累计压减电量 196.94 万 kW·h、压减负荷 218.56 万 kW。智慧能源服务方面，开发适应高比例新能源的省地县协同频率控制系统，于浙江省 11 个地区电网实现示范应用，新增 552.7 MW 地区调度的调峰调频容量；开发消费侧能耗分析及能效服务平台和冷热电联供系统规划建模软件，高质量完成了各行业 31 家公共用能系统的能效诊断，成果《面向政企决策支持的广义电力大数据关键技术及应用》荣获中国电力科学技术进步一等奖。

专栏 5 用户能效提升及灵活互动典型应用案例

1. 杭州泛亚运城市级低碳新型电力系统示范

该项目深挖能源清洁供给，将杭城西部风光水等清洁发电资源引入亚运核心区域，保障绿电供应。建设国内首个碳中和 220 kV 世纪变电站，获中国船级社质量认证有限公司颁发的《碳中和证书》。在杭州亚运村试点应用“光伏+储能+热泵+直流”智慧家电等技术，打造低碳生活、零碳供电、智慧节能的亚运村未来社区。建设全国首个大功率无线充电站，配备 2 套 500 kW 大功率充电装置和 8 个无线充电桩，打造亚运核心“5 分钟”充电圈。将亚运场馆、亚运村、核心充电桩全量纳入绿电交易，储备 3 亿 kW·h 绿色电力，助力“零碳亚运”。

2. 可调节负荷资源池示范

该项目为浙江省范围内 76 户商业楼宇用户、238 户工业大用户部署需求响应智能终端及响应资源监控设备，以可调节负荷值、需求响应准备时长、需求响应可持续时长多维量化电力实时需求响应能力，建成 80 万 kW 的可调节能力，预计节约、延缓 2.4 亿元投资，降低社会用能成本，相关成果《含高比例新能源的电力系统需求侧负荷调控关键技术及工程应用》荣获 2020 年度国家科学技术进步奖二等奖。

专栏 6 能源大数据促进节能降碳典型应用案例

1. 省能源大数据中心

该项目为政企共享平台，深度挖潜用能大数据价值，打造数据创新重大应用场景，构建“节能降碳 e 本账”等 30 余项能源数据产品，重点监控 1 896 家重点用能企业、5.78 万户规上企业用能情况，实现“省-市-县”三级能耗指标监测预警与分析预测。创新研发企业复工复产指数等指标，辅助政府出台惠民关爱政策。推动企业流程优化与节能技改、产业绿色转型，创新研发碳效码，通过碳效分析，加快推进企业节能降耗。

2. 基于新能源云的浙江省工业碳效码平台示范

该项目依托国网新能源云，构建融合碳排放水平、碳利用效率、碳中和进程三个标志的工业碳效智能对标（碳效码）体系，围绕碳排放量、碳排放强度、能耗总量、能耗强度四大核心指标，评价 4.22 万家规上工业企业的碳效水平，为企业明确定位和节能减碳提供精准指引，推动完成 117 个节能改造项目，减排 CO_2 13.96 万 t，节约成本 2 400 万元。建设成果入选中国改革 2021 年度地方全面深化改革典型案例。

3. “‘双碳’大脑”市县一体化碳流数智管控示范

该项目汇聚萧山区用能数据，创新提出基于 4E 全要素驱动的“能-电-碳”推演预测模型，精准开展全域及领域的碳达峰预测分析，明确降碳重点，科学指导全域碳流管控；创新建立“双碳”领域“政府、部门、企业”三级驾驶舱，已指导重点用能企业节约能耗支出超 1 400 万元，折合减排超 13 万 t；创新构建全国首个“6+1”节能增效、绿色降碳服务体系，开展纺织、化工、机械等重点行业用能特点分析，率先实施重点企业能效升级，示范打造奔马化纤全省首个纺织业余热回收利用样板。

2.2.5 多元复合储能应用和弹性支撑技术

储能是支撑新型电力系统建设的重要技术和基础装备，对推动能源绿色转型与高质量发展具有重要意义。目前，以电化学储能为代表的新型储能呈现爆发式增长，存在种类多样、调控困难、与电网明确互动运行模式缺乏、互补潜力挖掘不足、安全风险多样等问题，亟须全面提升储能电站运行安全、主动支撑能力。氢能作为清洁的二次能源，亟须探索氢电耦合运行控制、安全管控技术，提升绿氢应用水平。

在分布式抽水蓄能方面，开展水电站抽水蓄能机组改造方案研究、提升分布式抽水蓄能电站新能源消纳能力，在紧水滩建设29.7万kW混合式抽水蓄能电站，开展技术示范。在大容量储能电站方面，开发储能价值评估与优化决策平台，指导新型储能电站容量配置与复合功能价值挖掘，获第四届国际储能创新大赛“储能技术创新典范TOP10”。在储能系统安全状态评估技术方面，开展储能电站的多时间尺度状态评估与故障预警方法研究，开发电网侧智能预警决策平台，在宁波前湾储能电站落地实施，实现储能全寿命周期可视化、可监控、可预测的智能管理。在多类型储能资源聚合方面，开展广义储能资源辨识及多尺度聚合技术、跨季节/年度电-抽水蓄能-氢混合储能协调优化控制技术研究，以实现电化学储能、抽水蓄能、氢储能等不同功率/能量时间尺度混合储能的优化运行控制。在氢电耦合技术方面，研制氢能、混合储能、直流换流器等核心装备，开发智能多元化氢电耦合能量管理系统，建设氢电耦合智能管控云平台，应用于杭州、宁波、台州、丽水等地的氢能示范工程群。

专栏7　新型储能技术典型应用案例

1. 电化学储能电站示范

湖州长兴雉城储能电站，容量为12MW/24MW·h，采用铅炭电池，执行削峰填谷功能，降低区域峰谷差。杭州红场储能电站，容量为10MW/20MW·h，采用磷酸铁锂电池，配备4辆0.25MW/0.5MW·h一体式移动储能电池车，2辆0.5MW/1MW·h一体式移动储能车，8个1MW/2MW·h移动储能电池舱，通过集中式储能电站与移动式储能车的协同应用，提升应急保供电能力。

2. 宁波慈溪氢电耦合直流微网示范

该项目是国家重点研发计划“可离网型风/光/氢燃料电池直流互联与稳定控制技术”配套示范工程，突破了氢能支撑的可离网型风/光/储/氢燃料电池直流互联系统在安全、稳定、经济运行方面的关键技术壁垒。研制了高效电解制氢系统、多端口直流换流器、燃料电池热点联供系统等一系列氢电耦合核心设备；建设国际首个可离网型氢能支撑的直流微网示范工程。可满足 10 辆氢能燃料电池汽车加氢、50 辆纯电动汽车直流快充冲击需求，直流互联系统效率≥95%，供热能力≥120 kW，供氢规模≥100 kg/d，储氢能力 400 kg，可离网连续运行时间 168 h。

2.2.6 发展趋势

2.2.6.1 共性基础支撑技术

在电网形态演进方面，进一步掌握浙江新型电力系统电网形态演进趋势和电网安全稳定运行机理，提出新型电力系统强度评估指标，量化系统稳定边界。在数字化电网内生安全方面，设计基于零信任的新型电力系统网络安全防护架构、分布式电源控制系统本体内生安全架构，进一步提升内生安全。在新型电力系统配套市场政策方面，初步构建适用于市场建设各阶段的储能及新能源参与现货市场方式，完善相关市场机制与现有市场环节的衔接设计和市场运营参数的优化方法。

2.2.6.2 新能源消纳提升和高效送出技术

在低频输电技术方面，进一步掌握低频系统构建运行、交交换流器仿真与控制等基础技术，攻克远距离海上风电柔性低频汇集送出技术。在新能源预测技术方面，推进基于“面-群-域”全覆盖的分布式电源（风、光、水）功率预测平台建设。新能源组网与主动支撑技术方面，突破新能源涉网稳定运行与主动支撑关键技术，掌握新能源频率/电压主动支撑控制技术，实现对风、光、水、火、储多种调节资源的协调调控，进一步提高电网对清洁能源的管控能力。

2.2.6.3 电网灵活组网和稳定运行技术

在短路电流控制技术方面，掌握多类型新能源短路电流特性，提出电力电子装置短路主动柔性控制方法。在惯量-功率-频率控制技术方面，明确新能源广泛接入的系统最小惯量需求，提出新能源惯量和一次调频联合优化控制策略。在电网电能质量支撑方面，提出新能源场站静止无功发生器（SVG）、储能、新能源本体等设备的静态和动态无功协调支撑技术；提升宽频振荡的认知、分析、控制能力，实现宽频振荡的能观能控。在柔性励磁技术方面，构建浙江新型电力系统的全电磁暂态仿真平台；直流组网技术方面，突破全电压等级直流电网技术，以及多元层次电网协调配合技术，提高新能源开发利用水平，增强新能源接纳能力。

2.2.6.4 负荷灵活互动和能效提升技术

在虚拟电厂技术方面，开发虚拟电厂聚合管控终端的研制与虚拟电厂协同互动调控运营系统，实现虚拟电厂群的云边协同调控运行。在用户侧资源聚合方面，突破多类用户侧负荷资源快速精准的需求响应技术，攻克基于大数据的能源数据监测分析与挖掘技术、多能互补系统运行优化与能效提升技术、余能综合利用关键新技术，实现聚合负荷与源网荷储的友好互动。在电能替代能效提升方面，研发面向节能减碳的智慧能源优化系统，助力全社会能效提升。

2.2.6.5 多元复合储能应用和弹性支撑技术

在抽水蓄能技术方面，研制分布式抽水蓄能电站控制调度系统，突破分布式抽水蓄能的协同控制及优化调度等关键技术。在新型储能技术方面，提升分布式氢电耦合零碳供能能力，提高储能系统全景安全状态评估与故障预警水平，打造一体化多尺度多类型储能聚合资源池；研制跨季节多应用场景下多形态储能及混合储能的规划与全寿命周期模拟系统。

浙江省“十四五”时期能源电力发展主要指标见表 2.2。

表 2.2 浙江省“十四五”时期能源电力发展主要指标

分类		指标名称	2020 年现状值	2025 年目标值
能源供应保障	1	全社会用电量/亿 kW·h	4 830	6 270
	2	电力装机总量/万 kW	10 142	13 717
	3	新型储能装机规模/万 kW	4	＞100
	4	电力需求侧响应能力/%	3	5
能源绿色转型	5	非化石能源消费比重/%	18.3	24.0
	6	煤电装机占比/%	46.7	40 左右
能源利用效率	7	单位 GDP 能耗降低/%	—	完成国家下达目标
	8	6 000 kW 以上火电平均发电煤耗/[g 标准煤/（kW·h）]	281	280 以下
能源普惠水平	9	人均装机/kW	1.6	2.0
	10	电能占终端能源消费比重/%	36.1	40 左右

2.3 工业减碳技术

工业领域 CO_2 排放占比高，从能源消费侧看，2021 年浙江省近七成 CO_2 排放量来自工业领域，其中钢铁、建材、石化、化工、造纸、化纤、纺织七大高碳行业占比高达 71%，是工业领域 CO_2 排放的重点行业，因此亟须促进工业七大高碳行业能效提升和节能降碳，强化低碳燃料与原料替代、过程智能调控、余热余能高效利用等研究，加快节能降碳先进技术研发和推广应用，推进生态优先、节约集约、绿色低碳发展，推进各工业行业绿色转型。浙江省工业减碳技术体系如图 2.3-1 所示。

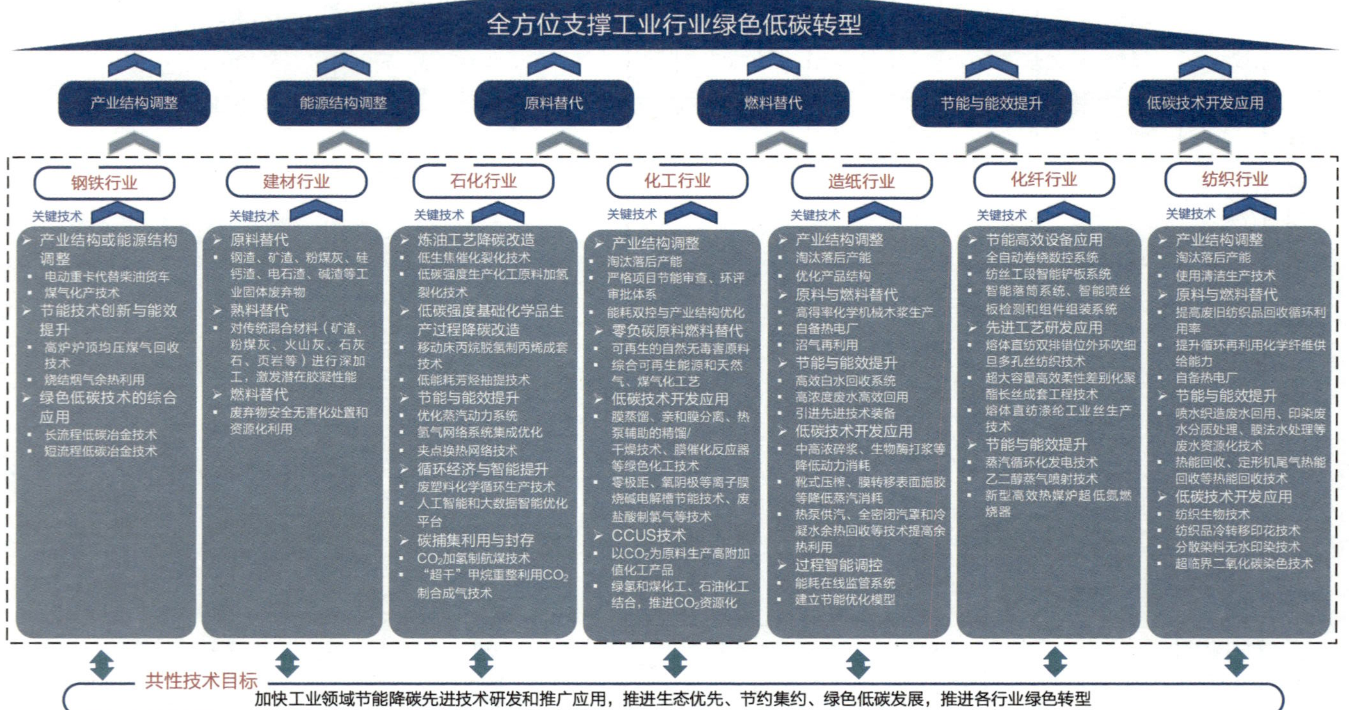

图 2.3-1　浙江省工业减碳技术体系

2.3.1 钢铁行业

浙江省现有长流程（以铁矿石为原料）钢铁企业 2 家，分别为宁波钢铁有限公司和浙江元立金属制品集团有限公司，短流程（以废钢为原料）钢铁企业 11 家，主要分布于宁波、嘉兴和丽水等地。2021 年全省粗钢产量为 1 455.6 万 t，占全国总产量的 1.4%，其中短流程炼钢产量约占全省总产量的 36%。2020 年规上能源消耗总量占全省规上工业能耗的 5.8%，万元增加值能源消耗量（以下简称能耗强度）在工业七大高碳行业中排名第二；CO_2 排放总量占全省规上工业碳排放总量的 6.7%，万元增加值碳排放量（以下简称碳排放强度）在工业七大高碳行业中排名第二，能耗强度与碳排放强度在工业七大高碳行业中均处于较高水平，降碳潜力较大。近几年，钢铁行业通过产业结构和能源结构调整、节能技术创新与能效提升以及绿色低碳技术综合应用等举措降低行业 CO_2 排放水平，取得了一定成效。

在产业结构和能源结构调整方面，一是通过电动重卡代替柴油货车，平均能量利用率可提升 30%以上，每年每车可节约柴油消耗 1.3 万 L，减排 CO_2 134 t、氮氧化物（NO_x）1.3 t、颗粒物 0.1 t。二是煤气化产技术，择优选定经济效益最佳的合成技术路线，如合成液化天然气（LNG）、甲醇、乙二醇、溶剂油或液体蜡等高附加值化工产品，可有效提高企业资源能源利用效率。

在节能技术创新与能效提升方面，一是利用高炉炉顶均压煤气回收技术降低燃煤消耗，可回收约 98%的均压散放煤气。二是利用烧结烟气余热利用技术，实现双热源平衡互补取热，吨矿可增加发电 22～25 kW·h，提高钢厂用电自给率，降低 CO_2 排放的同时减少粉尘排放。

在绿色低碳技术综合应用方面，一是长流程低碳冶金技术，采用富氢“烧结+高炉”流程工艺，吨铁碳排放可降低 1%～3%。二是短流程低碳冶金技术，采用氢基竖炉+DRI 电弧炉短流程技术路线和“竖井+推钢机构+水平加料”复合型废钢余热技术，电耗可减少 20%，综合能耗减少 26%，二噁英排放浓度≤0.1 ng/m^3（标态），烟尘排放浓度≤5 mg/m^3（标态）。

浙江省钢铁行业全流程减污降碳协同增效途径如图 2.3-2 所示。

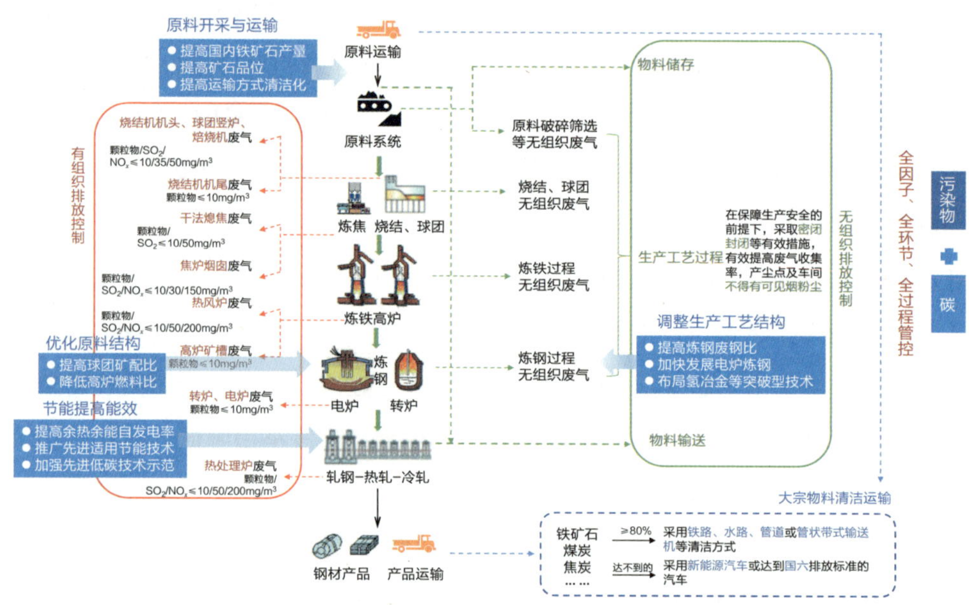

图 2.3-2 浙江省钢铁行业全流程减污降碳协同增效途径

专栏 1 钢铁行业技术典型应用案例

1. 宁波市某钢铁企业典型案例——余能余热回收利用项目

宁波市某钢铁企业紧盯前沿技术，先后实施电厂 1#机组和 CDQ 发电机组余热回收、烧结余热回收、焦化上升管余热回收、热轧加热炉烟气余热回收、石灰窑烟气余热回收、炼钢蓄热器改造、环冷风机改造等 10 余项余能余热回收利用项目，持续提高余能余热回收利用水平，自发电比例达到 70%以上，累计发电量约 125 亿 kW·h，减少 CO_2 排放约 877 万 t。

2. 宁波市某钢铁企业典型案例——清洁运输项目

宁波市某钢铁企业为推进清洁运输，2022年正式投入使用54台电动重卡，这是浙江省钢铁企业打造低碳发展排头兵的重要举措。经统计，每辆电动重卡可在1.5~2 h内完成一次充电，充满后可行驶150 km。与传统燃油车相比，具有零污染、零排放、低噪声优势，平均能量利用率可提升30%以上，每年每车可节约柴油消耗1.3万L，减排$CO_2$134 t、氮氧化物1.3 t、颗粒物0.1 t。

3. 浙江省某短流程钢铁企业——电炉废钢连续预热加料技术

浙江省某短流程钢铁企业利用电炉四孔高温烟反向流动预热废钢，实现烟气净化、余热回收。冶炼过程中电弧直接加热钢水，钢水熔化废钢，电炉熔池平稳，对前级电网冲击小、可大大降低变压器容量，达到节约能源、节省投资、生产环境清洁化的连续炼钢目标。同时实现了全封闭废钢预热输送、烟气净化、余热回收等效果。相比传统工艺，烟尘产生量降低约30%、吨钢CO_2减排量约120 kg。

2.3.2 建材（水泥）行业

2020年，浙江省建材行业规上能源消耗总量占全省规上工业能耗的8.9%，能耗强度在工业七大高碳行业中排名第五；CO_2排放总量占全省规上工业碳排放总量的10.0%，碳排放强度在工业七大高碳行业中排名第五。浙江省是我国第一个大力发展水泥熟料新型干法技术，同时完全淘汰落后产能的省份。2021年，全省水泥产量为1.36亿t，占全国总产量的5.76%。近10年来，水泥行业通过技术改造、技术创新和工艺过程优化升级等举措，关键技术指标得以大幅提升（表2.3）。

水泥工业碳足迹涉及原材料使用、生产过程、物流运输、产品应用等各环节，要实现“零碳”进程需从全产业链构建部署一体化的解决方案。水泥行业的减碳路径主要包括两方面，一是市场与产业政策结合减排，降低行业总产能，包括错峰生产、淘汰落后产能、联合重组等。二是技术性减排，降低单吨熟料及水泥碳排放，包括原料替代、熟料替代、燃料替代等。

表 2.3 水泥行业关键技术指标提升情况

年份/指标	关键技术指标			
	熟料标准煤耗/（kg/t）	熟料综合电耗/（kW·h/t）	水泥粉磨电耗/（kW·h/t）	吨熟料发电量/（kW·h/t）
2011	114.95	64.25	33.79	29.27
2021	103.2	50.95	27.22	34.52
指标累计提升值	11.75	13.3	6.57	5.25

在原料替代方面，钢铁、乙炔、氨碱生产企业以及火力发电厂等工矿企业在生产活动过程中产生的工业固体废弃物，如钢渣、矿渣、粉煤灰、硅钙渣、电石渣、碱渣等可作为水泥企业的替代原料，以年利用率 10%计算，吨熟料 CO_2 减排量可达 125.84 kg。

在熟料替代方面，对传统混合材料如矿渣、粉煤灰、火山灰、石灰石、页岩等进行深加工，激发其潜在的胶凝性能，发挥其部分替代熟料的作用，以替代率 10%计算，吨熟料 CO_2 减排量可达 84 kg。

在燃料替代方面，废弃物安全无害化处置和资源化利用技术是第二代新型干法水泥的特征之一，在环境条件许可的情况下，以废弃物、城市垃圾等替代燃料替代率 20%计算，吨熟料 CO_2 减排量可达 66.54 kg。

2.3.3 石化行业

2020 年浙江省石化行业规上工业增加值为 384.5 亿元，占全省规上工业增加值的 2.3%。2020 年规上能源消耗量占全省规上工业能耗总量的 22.4%，能耗强度在工业七大高碳行业中排名第一；CO_2 排放总量占全省规上工业碳排放总量的 21.3%，碳排放强度在工业七大高碳行业中排名第一，能源消耗总量、能耗强度、碳排放总量和碳排放强度在全省高碳行业中均处于高水平。浙江省石化行业按照《浙江省工业领域碳达峰行动方案》要求，积极引导企业实施过程降碳改造、促进节能与能效提升、发展循环经济，同时利用人工智能和大数据等手段提升过程效率，并以探索研发 CCUS 技术为补充，全面推进降碳、减污协同，加快行业实现碳达峰，取得了一定成效，涌现出中国石油化工股份有限公司镇海炼化分公司、浙江卫星石化股份有限公司、浙江逸盛石化有限公司等一批行业龙头企业。

在炼油工艺过程降碳改造方面，催化裂化过程是石化行业中的碳排放大户，浙江省采用低生焦催化裂化技术，在反应过程中实现重油的高效转化，降低生焦量的同时降低催化剂再生过程 CO_2 排放。以 200 万 t/a 催化裂化装置为例，可降低 CO_2 排放 5 万 t/a 以上。此外，浙江省优势企业采用低碳强度生产化工原料的加氢裂化技术，从降低电耗、氢耗以及燃料气消耗等多途径实现了加工过程的降碳。

在低碳强度基础化学品生产过程降碳改造方面，一是移动床丙烷脱氢制丙烯成套技术（SPDH），较同等规模的丙烷脱氢装置，可降低过程 CO_2 排放 10%以上。二是低能耗芳烃抽提技术（SED-BTX），相比传统液-液抽提工艺，每吨进料可降低过程 CO_2 排放 58 kg。

在节能与能效提升方面，一是通过电力、蒸汽和燃料气消耗量的降低优化蒸汽动力系统，每节省 1 t 蒸汽，可减排 CO_2 0.17～0.29 t。二是从氢气资源回收利用、临氢装置节氢管理和氢气网络整合优化三个关键环节开展氢气网络系统集成优化，实现氢气资源的梯级高效利用，有效降低氢耗、系统能耗和 CO_2 排放。三是采用夹点换热网络技术进行工程优化改造，热公用工程 CO_2 排放量可减少 27.3%，冷公用工程可减少 17.6%。四是低温余热高效利用技术，以低温热回收利用率提高 10%计算，CO_2 排放可减少 4 万 t/a。

在循环经济方面，采用废塑料化学循环生产技术，可使产品碳足迹降低 40%以上，万元产值 CO_2 排放降幅达 80%以上。

在智能化提升方面，采用人工智能和大数据手段，构建分离系统智能优化平台，以千万吨级常减压装置为例，可降低能耗 0.5～2.1 kgoe/t，减少 CO_2 排放 1.0 万～4.2 万 t/a。

在 CCUS 技术应用方面，一是 CO_2 加氢制航煤技术，与石油基航煤相比，吨航煤全生命周期 CO_2 减排约 3.0 t。二是 CO_2 与“超干”甲烷重整制合成气技术，以年产 36 万 t 合成气装置为例，每年可以消耗 CO_2 约 6.2 万 t。

专栏2 石化行业技术典型应用案例

1. 宁波市某石化企业典型案例——低温热系统优化节能技术

宁波市某石化企业建立低温热系统，通过板式多通道结构的高效换热器将排放废热空气（间质）与补充新风（间质）做逆向热交换，实现能量的“高质高用，低质低用，梯级利用”。项目以水为媒介，通过换热新技术，在国内首次成功回收 PX 装置吸附分离单元的低温废热资源，同时开辟了企外低温热利用新通道，以热-热联合理念，长距离热循环流程，成功实现回收热量的高效利用，热利用率达 90%以上。项目实施后，每年可节约标煤 13 万 t，折合 CO_2 约 34 万 t。

2. 宁波市某石化企业典型案例——过剩 CO 燃烧控制技术

宁波市某石化企业对二甲苯重沸炉增设 CO 分析仪和控制系统，同时更新燃烧器和部分烟风道挡板。项目实施后，具有较好的经济效益和环境效益，在乙烯装置、焦化装置、常减压装置等的大型加热炉上得到进一步推广应用。技术应用后，装置氧含量由 2.21%降低至 0.37%，热效率提高了 0.8%；NO_x 排放量减少约 30 t/a，CO_2 排放量减少约 17 000 t/a。

2.3.4 化工行业

2020 年，浙江省化工行业规上工业增加值为 1 214.5 亿元，占全省规上工业增加值的 7.3%，拥有巨化集团有限公司、浙江闰土股份有限公司和浙江凤登绿能环保股份有限公司等行业先进企业。2020 年，规上能源消耗总量占全省规上工业能耗总量的 11.4%，能耗强度在工业七大高碳行业中排名第七；CO_2 排放总量占全省规上工业碳排放总量的 12.3%，碳排放强度在工业七大高碳行业中排名第七，能源消耗总量、能耗强度、碳排放总量和碳排放强度在工业七大高碳行业中均处于低水平。浙江省化工行业降碳手段主要包括调整产业结构、零负碳原料燃料替代、低碳技术开发应用、CCUS 技术开发应用等。

在产业结构调整升级方面，一是淘汰落后产能，如淘汰 30 万 t/a 及以下乙烯装置，严禁新建 80 万 t/a 及以下石脑油裂解制乙烯装置等，提高企业综合产能利用率。二是严格项目节能审查、环评审批体系，提升项目碳排放审查力度。三是统筹做好能耗双控与产业结构优化工作，推动企业向化工园区集聚发展，进一步提升单位产品能效。四是鼓励化工产业向高端化、精细化、专用化、系列化发展，提升行业整体能效水平。

在零负碳原料燃料替代方面，一是选择可再生的自然无毒害原料，如将农作物、野生纤维组织物等加工为甲酸（HCOOH）、草酸等化学原料。二是通过综合可再生能源和天然气、煤气化工艺，如太阳能煤气化/天然气制甲醇（CH_4O）工艺，实现碳排放强度下降。三是 CO_2 资源化利用技术，如将绿氢与 CO_2 作为原料制备合成气，进一步用于生产 CH_4O；以 CO_2 和环氧乙烷（C_2H_4O）为原料制备碳酸乙烯酯（$C_3H_4O_3$），再经醇解过程生成碳酸二甲酯（$C_3H_6O_3$）等，实现负碳排放。

在低碳技术开发应用方面，一是推广新一代绿色低碳、可循环生产的工艺和装备技术，如膜蒸馏技术、亲和膜分离技术、热泵辅助的精馏/干燥技术、膜催化反应器等绿色化工技术。二是推广适用于化工行业循环水系统的节能技术、零极距、氧阴极等离子膜烧碱电解槽节能技术、废盐酸制氯气等技术，如可再生能源制氢耦合煤气化工艺生产燃料和化学品技术，实现煤化工过程碳氢平衡，消除传统工艺直接碳排放源。

在 CCUS 技术应用方面，一是以 CO_2 为原料生产高附加值化工产品。如以 CO_2 和 NH_3 为原料合成尿素；将 CO_2 作为原料与 CH_4 反应生成 CO，进一步用于生产 CH_4O 或以 CO_2 和 C_2H_4O 为原料制备 $C_3H_4O_3$，再经醇解过程生成 $C_3H_6O_3$ 等。二是针对煤炭、石油在化工利用过程富碳缺氢的特点，将绿氢和煤化工、石油化工结合，推进 CO_2 的资源化转化利用。

专栏 3　化工行业技术典型应用案例

1. 衢州市某化工集团典型案例

锅炉烟气余热回收技术：应用氟塑料换热器回收锅炉烟气余热，开发氟塑料耐腐蚀的优越性能。采用改性 PTFE（聚四氟乙烯）作为原料生产新型换热器，在炉尾部烟道安装使用后，吸收烟气余热用来加热锅炉补水。每台炉每年可节约标煤约 4 000 t，折合 CO_2 约 1.1 万 t。

节能减排技术：采用多轴齿轮组合式空压机组和零气耗余热再生干燥器，建成一台由汽轮机驱动的排气量为 10 万 m^3/h（标态）的空气压缩机，年供气量约 8 万 m^3（标态）。每年减少二氧化硫（SO_2）排放约 184 t、碳氧化物排放约 276 t、烟尘排放约 138 t，可节约标煤约 9 200 t，折合 CO_2 约 2.4 万 t。

含氟烟气治理技术：采用新型氟塑料相变凝聚技术，实现电厂“除尘+余热+收水”一体化烟气综合利用，每年共可节约标煤约 2 万 t，折合 CO_2 约 5.3 万 t。

2. 浙江省某化工企业典型案例

水煤浆汽化及高温熔融协同处置废物技术：以传统水煤浆汽化工艺为基础，用废物逐步替代原料煤，生产工业碳酸氢铵及高纯氢等资源化产品。实现危险废物经营能力 10 万 t/a，制氢能力 9 000 t/a。2020 年共处置危废 5.6 万 t，减少煤炭使用量约 3.58 万 t，减少 CO_2 排放约 6.7 万 t。

碳基废物再生成套工程技术：利用碳基危废替代水煤浆技术、高温裂解生产合成气的危废无害化处理、资源化利用成套工程技术，实现碳基危废的再生和从危废到资源化产品的产业循环。通过将 CO_2 液化、固化等产品化，每年可捕集和利用 CO_2 约 15 万 t。

工业有机固体废物汽化处理项目：采用有机废弃物制氢集成技术实现有机废弃物的资源化利用和绿色低碳制氢技术的集成。可降低制氢成本，生产 1 kg 氢气的综合成本仅为 8.4 元；可提高环保效益，生产 1 kg 氢气可资源化利用有机废弃物 12 kg；可实现近零排放，生产 1 kg 氢气仅排放 CO_2 约 0.4 kg。

2.3.5 造纸行业

造纸是浙江省的传统优势产业，主要以商品木浆板和废纸为原料生产瓦楞纸和箱板纸、白板纸和特种纸等产品。2020 年，浙江省共有规上造纸企业 233 家，完成机制纸和纸板产量 1453 万 t，占全国总产量的 12.90%。2020 年规上能源消耗总量占全省规上工业能耗比重为 3.7%，能耗强度在工业七大高碳行业中排名第四；CO_2 排放总量占全省规上工业碳排放总量的 4.0%，碳排放强度在工业七大高碳行业中排名第四，能源消耗总量、能耗强度、碳排放总量和碳排放强度在浙江省工业七大高碳行业中处于中间水平。为减少 CO_2 排放，浙江省造纸行业按照《浙江省工业领域碳达峰行动方案》要求，以数字化改革为统领，以科技创新为动力，以推动产业结构调整、原料与燃料替代、节能与能效提升、低碳技术开发应用、过程智能调控等为主要抓手，多措并举，全面推进降碳、减污协同。

在产业结构调整方面，浙江省造纸行业通过淘汰落后产能，优化企业布局和规模，提高产业集中度，2021 年造纸企业数减至 198 家，拥有宁波亚洲浆纸业有限公司、浙江景兴纸业股份有限公司、浙江荣晟环保纸业股份有限公司、浙江山鹰纸业有限公司等一批国内知名的大型包装纸生产企业和仙鹤股份有限公司、五洲特种纸业集团股份有限公司、杭州华旺新材料科技股份有限公司等上市特种纸生产企业。同时，通过优化造纸行业产品结构，提升高技术含量、高附加值特种纸比重，使浙江省成为高端特种功能纸的先进研发生产基地，并开发出“以纸代塑”的包装产品、绿色瓦楞纸箱、绿色快递包装等低碳绿色产品，推动造纸产业链向高端延伸。

在原料与燃料替代方面，随着废纸进口禁令的实施，浙江省大型包装纸企业积极拓展造纸原料渠道，一方面在海外建立废纸收购和废浆板生产线，另一方面加快国内造纸专用林基地建设，加大高得率化学机械木浆生产，以取代进口木浆。企业利用自备热电厂进行热电联产或集中供热，能源结构不断优化，生物质燃料、天然气部分取代煤炭，生产过程中产生的黑液、废料、污泥等生物质及高浓度造纸废水厌氧处理过程产生的沼气作为能源得到充分利用。

在节能与能效提升方面，一是高效利用水资源。利用高效白水回收系统对白水进行纤维回收和梯级利用，对高浓度造纸废水进行高效处理回用，水回用率达 90%以上。二是提高能源利用效率。引进大量先进技术装备，如先进废纸制浆生产线和先进大型宽幅高速叠网包装纸机生产线、新月型高速卫生纸机生产线及特种纸机生产线等，有效提高能源利用效率，单位产品能耗处于国内领先水平。

在低碳技术开发应用方面，一是推广应用中高浓碎浆、生物酶打浆技术以及稀释水流浆箱、磁悬浮透平风机、集中式压缩空气系统等设备降低制浆造纸过程的动力消耗。二是利用靴式压榨、膜转移表面施胶等技术降低蒸汽消耗。三是利用热泵供汽、全密闭汽罩和冷凝水余热回收等节能低碳技术提高余热利用效率，提升节能降碳水平。

在过程智能调控方面，通过装备和技术创新，不断提高行业自动化、数字化、智能化水平。基于信息技术建立造纸企业能耗在线监测管理系统，实时采集原材料与能源消耗数据，进行模块化能耗在线动态监测。生产过程中建立节能优化模型，避免造成蒸汽、电能等不合理的消耗，促进造纸全流程节能降耗和绿色低碳转型发展。

在 CCUS 技术应用方面，一是通过加大造纸工业林基地建设和农林废弃物资源化利用、上游植树造林等措施改善生态环境，同时吸收 CO_2 达到固碳效果。二是通过将循环流化床锅炉烟气中 CO_2 转化为轻质碳酸钙实现碳封存。

专栏 4 造纸行业技术典型应用案例

1. 宁波市某造纸企业典型案例

高得率化学机械浆生产技术：以进口桉木、相思木木片为主要原料，采用国内外先进的制浆工艺技术和设备，自制年产 30 万 t 的高得率化机浆，生产高档绿色环保卡纸，配套碱回收系统回收废液中的化学药品和热能。项目热回收系统年回收热力折合标煤约 4 100 t；污水处理过程中年回收沼气折合标煤约 1.66 万 t；木屑和浆料燃烧年回收蒸汽折合标煤约 9 700 t，共折合 CO_2 约 8 万 t。

污泥焚烧及节能提效综合改造技术：引进 2 台年处理污泥量 40 万 t 的污泥焚烧炉，用于处理木屑、浆渣和废水处理产生的污泥。淘汰原有减温减压装置，新增 1 台抽汽背压式汽轮发电机组，与原有 2 台污泥焚烧炉组成污泥焚烧机组，并实施烟气超低排放技改。项目实施后，年能耗总量减少标煤约 5.1 万 t，原煤消耗量减少约 9.35 万 t，共折合 CO_2 约 33 万 t。

通风系统节能改造技术：对 PM1 纸机排风和供风系统进行节能改造，增加吹风箱和真空缸，改造稳纸器配置，每吨纸节约蒸汽约 0.058 6 t，年节约标煤约 5 860 t，折合 CO_2 约 1.56 万 t。

2. 嘉兴市某造纸企业典型案例

固体废物资源化综合利用技术：公司年产生浆渣约 5.2 万 t，返回造纸车间抄造低端纱管纸；产生废塑料碎片约 13.1 万 t，挤干后送热电厂焚烧发电。污水处理后产生污泥约 4.2 万 t，经板框压滤后不落地送热电厂焚烧发电；废水经厌氧处理后产生的沼气经过增压风机送热电厂发电，可年节约标煤约 5 000 t。经测算，该项目每减少 1 t 污染物排放，CO_2 排放减少约 0.082 t，年减少 CO_2 排放约 2 万 t。

压榨部节能改造技术：将 PM_{10} 纸机压榨部改为靴式压榨，使纸页干度提升 2%，每吨纸干燥部节约蒸汽约 0.2 t，年节约标煤约 4 000 t，折合 CO_2 约 1 万 t。

2.3.6 化纤行业

浙江省是世界上最大的化纤生产基地，中国化纤行业第一大省，2021 年全省化纤产量 3 210 万 t，占全国化纤总产量的 48%、全球 30%以上，产量居全国第一位。2020 年规上能源消耗总量占全省规上工业能耗的 5.6%，能耗强度在工业七大高碳行业中排名第三；CO_2 排放总量占全省规上工业碳排放总量的 5.6%，碳排放强度在工业七大高碳行业中排名第三，能源消耗总量、能耗强度、碳排放总量和碳排放强度在浙江省高碳行业中处于较高水平，降碳潜力较大。涌现出一批技术装备先进、在国内外有较大影响力的龙头企业，如桐昆集团股份有限公司、浙江恒逸集团有限公司、新凤鸣集团股份有限公司、浙江荣盛控股集团有限公司、浙江天圣控股集团等。在减碳方面，浙江省化纤行业主要从节能高效设备应用、先进工艺研发与应用、节能与能效提升等方面推进降碳、减污协同。

在节能高效设备应用方面，一是机械领域不断更新智能自动化设备，采用全自动卷绕数控系统，提高产品生产效率，避免资源浪费。二是采用纺丝工段智能铲板系统，保板率提升至 86.2%，降低了废丝单耗，减少了铲板时间和硅油用量，在提升产品质量的同时减少了资源浪费。三是采用智能落筒系统、智能喷丝板检测和组件组装系统等智能化系统，在降碳和减污两方面均取得一定效益。

在先进工艺研发与应用方面，一是采用熔体直纺双排错位外环吹细旦多孔丝纺织技术，不仅解决了多头纺的技术问题，也有效解决了纺丝位距较大且纤度偏差不匀的问题，节约了位距和环吹，能源消耗明显降低。二是开发超大容量高效柔性差别化聚酯长丝成套工程技术，显著降低生产能耗，能耗水平达到国家一级标准。三是采用熔体直纺涤纶工业丝生产技术，省去了冷却切粒、固相缩聚、熔融挤出等工序，生产能耗下降 32.46%。

在节能与能效提升方面，一是采用蒸汽循环化发电技术，将聚酯装置工艺塔顶蒸汽送往蒸汽发电机组发电，充分回收制冷机组停运期间的蒸汽余热，有效降低煤电使用，进一步降低 CO_2 排放量。二是研发乙二醇蒸气喷射技术，减少热损失和蒸汽的跑冒滴漏，生产工艺绿色化程度指数（EG）降低，节能效果明显。三是投用新型环保高效热煤炉超低氮燃烧器，烟气中的氮化物浓度由 100 mg/m^3 降至 45 mg/m^3 以下，燃烧器效率由 92%增至 94%，节能率达 1.5%～2%。

专栏 5　化纤行业技术典型应用案例

嘉兴市某化纤企业典型案例

污泥干化再利用项目：含水率 88%的污泥经干化减量后，重量降为原来的 18%，热值提高，可作为燃料再次利用。配套设施沼气热电联产项目日处理污水可产生沼气 10 000 ~ 15 000 m³，年发电量 8 230 ~ 12 346 MW·h，折合减少 CO_2 排放 4 300 ~ 6 500 t。

聚酯装置酯化蒸汽余热发电技术：该项目将工艺塔顶蒸汽送往蒸汽发电机组发电，可充分回收制冷机组停运期间的蒸汽余热。单套年产 50 万 t 装置可实现发电超 1 000 kW·h，年实现发电 500 万 kW·h 以上，约减少 CO_2 排放 2 600 t。

2.3.7　纺织（印染）行业

浙江省纺织产业已形成由纺织印染、终端产品、纺织专用装备组成的相对完整的产业链。2020 年，全省规上纺织服装企业实现工业总产值 9 284 亿元，居全国首位；实现纺织品服装出口额 4 912 亿元，位居全国第一。2020 年，纺织行业规上能源消耗总量占全省规上工业能耗的 11.0%，能耗强度在工业七大高碳行业中排名第六；CO_2 排放总量占全省规上工业碳排放总量的 11.4%，碳排放强度在工业七大高碳行业中排名第六，能源消耗总量、能耗强度、碳排放总量和碳排放强度在全省高碳行业中处于较低水平。近几年，随着浙江省纺织（印染）行业加大节能环保技术装备的研发和推广力度，纺织（印染）行业各工序污染物和 CO_2 协同治理技术有了较大发展，涌现出浙江迎丰科技有限公司、浙江圣山科纺有限公司、宁波申洲针织有限公司等优势企业。全省主要从产业结构调整、原料与燃料替代、节能与能效提升、低碳技术开发应用等方面推进行业绿色低碳发展。

在产业结构调整方面，部署淘汰落后产能，主要包括未经改造的 74 型染整设备，蒸汽加热敞开无密闭的印染平洗槽，使用年限超过 15 年的国产印染前处理设备和使用年限超过 20 年的进口、拉幅和定形设备、圆网和平网印花机、连续染色机，使用年限超过 15 年的浴比大于 1∶10 的棉及化纤间歇式染色设备，印染用铸铁结构的蒸箱和水洗设备，铸铁墙板无底蒸化机，汽蒸预热区短的 L 形退煮漂履带汽蒸箱等。同时，浙江省印染企业聚集区——绍兴市推进印染产业跨区域集聚提升，越城区 32 家印染企业整合成 5 家印染组团，跨区落户到柯桥滨海印染集聚区，集聚提升后资源消耗与污染排放大大降低，产业结构得到明显改善。2021 年，浙江省纺织和服装行业入选国家绿色制造名单的共 41 个，包括 33 个绿色设计产品、7 家绿色工厂和 1 家绿色供应链管理企业，一批行业先进企业签约成为中国纺织工业联合会“30·60 中国纺织服装碳中和加速行动”企业。

在原料与燃料替代方面，一是提高废旧纺织品回收循环利用率，二是加快提升循环再利用化学纤维的供给能力，三是推进企业利用自备热电厂进行热电联产或利用余热集中供热，四是鼓励企业充分利用厂房屋顶光伏发电，提高能源自给率。

在节能与能效提升方面，一是高效利用水资源，喷水织造废水回用、印染废水分质处理、膜法水处理等废水资源化技术在行业得到推广应用，水回用率达到 45%以上，大大减少了废水排放量。二是提高能源利用效率，热能回收、定形机尾气热能回收等热能回收技术得到普遍应用。

在低碳技术开发应用方面，一是大力研发纺织生物技术，主要包括生物酶在纺织品加工中的应用、新型生物基纤维的研发和应用、天然色素在纺织品上的染印及功能改性等。二是研发应用印染环节的纺织品冷转移印花技术、分散染料无水印染技术、超临界 CO_2 染色技术、喷墨印花技术等，能够大幅减少纺织品后道加工的用水量和排污量，达到节能降耗的目的。

专栏 6　纺织（印染）行业技术典型应用案例

1. 杭州市某纺织企业典型案例

针对纺织染整行业的主要耗能设备——定型机，实施定型机废气余热回收项目。项目实施后，每年可减少油烟废气排放 10 t/a，CO_2 减排量达 750 t/a。

2. 宁波市某纺织企业典型案例

污水余热回收项目：通过热交换器，将清水和污水进行热交换，再通过集中式污水热能回收装置进行热能回收。可节约蒸汽 5 000 t/a，CO_2 减排量约 2 000 t/a。

2.3.8　发展趋势

工业领域作为对环境污染物和 CO_2 等温室气体排放贡献均最大的领域，是推进污染物减排和温室气体减排的重点。《减污降碳协同增效实施方案》明确提出要“推进工业领域协同增效”“加快工业领域源头减排、过程控制、末端治理、综合利用全流程绿色发展”。参考国家工业领域减污降碳协同路径，浙江省工业行业应从源头、过程和末端三个环节出发，从淘汰落后产能、源头原料与燃料替代、过程节能与能效提升、末端资源能源回收利用、全流程数字化智能调控以及 CCUS 技术研发应用等方面推进行业绿色低碳转型和发展。

钢铁行业，在“双碳”背景下，应不断提高能源管理的有效性和针对性，结合能源消耗情况、节能技改项目以及措施实施情况，推进降碳与减污并举。同时加强精细化生产组织，通过炼铁、炼钢、轧钢工序衔接及协调配合，深挖潜能，确保各环节相互有序衔接，持续推进余能余热回收，使吨钢转炉煤气回收量、高炉煤气放散率、自发电量、吨钢耗新水、外供蒸汽、直装、热装率等指标实现突破。在碳达峰阶段应重点推进废钢回用电弧炉短流程炼钢，对于碳中和目标，氢冶金是极具潜力的工艺选择。

建材（水泥）行业，须推进节能低碳技术研发应用，如超低能耗标杆示范新技术、绿色氢能煅烧水泥熟料技术、新型固碳胶凝材料制备技术、水泥窑炉烟气 CO_2 捕集与纯化催化转化技术等。建立替代原燃料供应支撑体系，支持鼓励企业利用自有设施和场地，实施余热余压利用、替代燃料应用、分布式发电等，提升能源自给能力。推动以高炉矿渣、粉煤灰等工业固体废物为主要原料的超细粉替代普通混合材料技术应用。提高水泥粉磨过程中固体废物资源替代熟料的比重，降低水泥产品中的熟料系数，减少水泥熟料的消耗量。推广先进过滤材料、低氮分级分区燃烧和成熟稳定高效的脱硫、脱硝、除尘技术及装备，推动水泥行业全流程、全环节超低排放。

石化行业，炼化一体化普及和产品由燃料向化工产品转型是石化行业未来发展的必然趋势。在碳达峰阶段，应合理安排和推进产能建设，进一步加大科技创新，推动发展生物基燃油与润滑油、循环经济技术革新、低碳强度基础化学品生产技术成熟，确保经济发展与绿色转型齐头并进。在此期间，炼化一体化企业的优势将进一步显现，上下游产业链需进一步协同发力。在碳中和阶段，应全面建设绿色低碳循环发展的经济体系和清洁低碳安全高效的能源体系，绿氢保障、CCUS、电气化实施等技术的升级和突破将成为实现碳中和的重要路径。

化工行业，需要在大环境下进行技术创新，将传统化工升级为绿色化工。废物资源化和可持续利用方面，应发展废塑料、废橡胶、废锂电池循环利用技术，提升固体废物绿色循环水平。能源结构和燃料替代方面，应发展再生能源如太阳能光伏发电等，替代传统煤电，提升企业的能效管控。节能改造与能效提升方面，需进一步淘汰落后产能，推进传统工业系统的节能改造、高耗能通用设备的改造、余热余压高效利用回收改造和 CCUS 技术创新应用等。

造纸行业，要充分发挥循环经济的特点和植物原料的绿色低碳属性，推动林浆纸一体化，形成以林促纸、以纸养林、竹纸结合的发展格局。在低碳技术和装备研究开发中，重点应关注高浓筛选净化工艺与设备、新型纤维成形技术与装备、低能耗真空组合脱水节能技术、压榨部强化脱水节能技术、蒸汽梯级利用技术等低碳技术及装备。

化纤行业，加快产业结构优化升级，构建清洁低碳安全高效的能源体系，大力推进节能降碳技术的推广应用，积极推动清洁生产改造，加快低碳转型与产业发展相互促进、深度融合。在推进减污降碳协同过程中，加快化纤行业产业大脑建设，深挖行业绿色低碳数字化应用场景，提高行业数字化水平。

纺织（印染）行业，应重点加快绿色染整技术、装备、新材料的研发，围绕前处理、染色/印花、后整理及污染控制等印染全流程开展高效低碳新助剂、新工艺、新技术的研发创新，重点突破高效短流程前处理、低温低碱练漂前处理、冷轧堆前处理、超低浴比高效染色、分散染料低温常压染色、少水或免水洗染色和数码印花等技术。

2.4 建筑、交通领域低碳技术

来自建筑运行和建筑建造的碳排放分别高达我国全社会总碳排放的 22%和 16%。浙江省建筑运行及建筑业碳排放（不含原材料开采生产和运输）占全省碳排放的 21.3%，其中建筑业碳排放包括房屋建筑业、土木工程建筑业、建筑安装业、建筑装饰、装修和其他建筑业等行业活动碳排放。加快规划建设新型能源体系，对建筑全生命期进行减碳，是实现建筑领域“双碳”目标的重要路径。超低/近零/零能耗建筑技术体系和装配式建筑技术体系是当前国内外建筑领域极具潜力的全生命周期低碳技术体系，也是浙江省科技攻关的重点内容。

交通运输中的碳排放主要源于运输过程中交通运输工具燃料燃烧产生的 CO_2 排放。2019 年，交通运输领域 CO_2 排放约占我国全社会 CO_2 总排放量的 11%，其中道路交通碳排放占比约为 86.76%。随着浙江省经济社会的快速发展，客货运输需求不断增加，交通碳排放趋势将呈现不断增长的局面。交通运输领域特别是道路交通领域的碳减排对实现 2060 年碳中和目标至关重要。党的二十大报告也明确提出了交通运行结构调整优化，推进交通领域清洁低碳转型的目标。随着人工智能、新能源和新材料等新兴技术与交通领域深度融合，交通领域的低碳技术着力在交通运输结构优化、节能低碳装备推广应用、绿色低碳出行、绿色低碳基础设施建设等方面开展，也是浙江省交通流域低碳科技攻关的重点内容。

2.4.1 建筑领域

2.4.1.1 技术发展现状

装配式建筑技术创新优势明显。自 2016 年国务院要求大力发展装配式建筑以来，装配式建筑与绿色建筑、智能建造互相融合、协调创新发展，成为建筑业高质量发展和转型升级的新引擎。现已形成装配式混凝土结构、装配式钢结构、装配式组合结构、装配式木结构等体系蓬勃发展的局面。浙江省是钢结构大省，近几年装配式钢结构技术发展迅速，已研发了钢管混凝土束组合结构、桁架多腔体钢板组合结构、部分包覆钢-混凝土组合结构等多项创新技术体系，并在全国示范和推广应用。

因建筑运行阶段碳排放占全生命周期碳排放的比例最大，因此，超低/近零/零能耗建筑技术攻关对建筑领域碳减排效果非常明显。当前，超低/近零/零能耗建筑理论和技术研发已取得重要突破。超低/近零/零能耗建筑技术研发主要围绕被动式节能减排、主动式节能减排、可再生能源利用开展理论和技术攻关。被动式节能减排技术主要是通过建筑平面、立面、空间设计优化、围护结构性能优化等被动式设计技术大幅降低建筑能耗需求，提升室内环境品质。主动式节能减排技术主要围绕供暖供冷、通风、照明、热水等建筑设备系统能效提升进行理论及技术研发。可再生能源利用技术旨在通过太阳能和地热能等可再生能源在建筑中的应用，提高可再生能源利用率，实现超低能耗、近零能耗或零能耗的目标。超低/近零/零能耗建筑技术体系如图 2.4-1 所示。

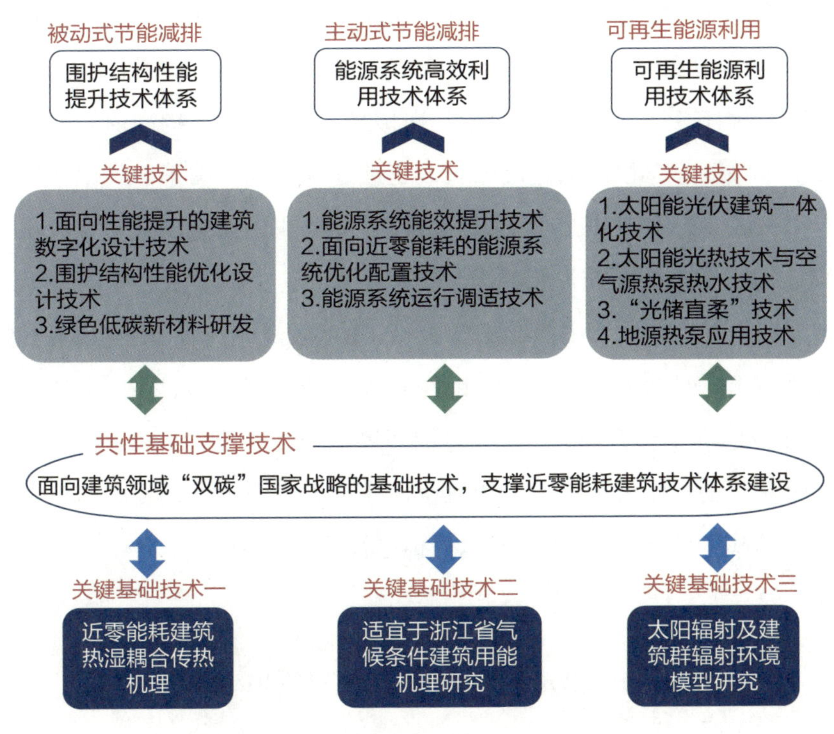

图 2.4-1　超低/近零/零能耗建筑技术体系

当前浙江省已经在超低/近零/零能耗建筑设计技术体系方面取得了重要攻关成果。建筑设计方法已经逐步完善。现行地方标准《居住建筑节能设计标准》（DB 33/1015—2021）与《公共建筑节能设计标准》（DB 33/1036—2021）已达到 75%的节能率要求，其围护结构热工性能指标、供暖空调系统性能指标和节能量指标均高于 2022 年 4 月实施的国家标准《建筑节能与可再生能源利用通用规范》（GB 55015—2021）。同时，浙江省《超低能耗居住建筑节能设计标准》

也已经启动编制程序。低碳设备技术和产量均处于全国领先地位。浙江省在蓄能空调技术、高效太阳能光热技术与空气源热泵热水技术研发、新型光伏材料等关键技术研发和应用方面均处于全国领先地位，光储直柔技术已有示范工程。

2.4.1.2 集成示范

在装配式建筑发展方面，“十三五”期间，浙江省累计新开工装配式建筑 2.83 亿 m^2，占新建建筑的 30.26%，提前 5 年实现国家确定的目标。浙江省共有 23 家企业获得国家装配式建筑产业基地称号。浙江省钢结构产值规模全国领先，连续 7 年保持 10%以上的速度增长，连续 5 年位列全国第一。钢结构住宅试点取得突破，浙江省率先开展全国钢结构装配式住宅试点，并确定杭州、宁波、绍兴三个试点城市，累计建设钢结构装配式住宅 556 万 m^2。钢结构标志性工程获“鲁班奖”29 项、“中国钢结构金奖”146 项。龙头骨干企业精工钢构、东南网架和杭萧钢构稳居全国上市钢结构企业前三强，先后承接中国天眼 FAST、杭州亚运会主体育馆、“杭州之门”等地标性建筑。浙江省钢结构企业积极拓展国际市场，先后承接了沙特阿拉伯 1 007 m 国王塔、委内瑞拉会议中心和 2022 年卡塔尔世界杯体育场等境外标志性项目。

专栏 1　装配式建筑技术典型应用案例

浙江大学建筑设计研究院紫金院区 B1 楼

B1 楼以“工业化也有诗意”为设计理念，采用装配式钢结构体系，塑造了灵活的建筑空间；外立面采用三种模数的装配式构件进行不同形式的组合，创造了既理性又充满律动的立面形象；采用全专业数字化 BIM 技术贯穿于设计施工全过程，B1 楼预制率达 86.5%，装配率达 96.8%，在全国处于领先地位，获评国家 AAA 级装配式建筑兼三星级绿色建筑，也是 2019 年住建部装配式建筑科技示范项目。B1 楼采用的装配式设计和建造方式有效减少了碳排放，生产建造阶段每单位平方米碳排放 283 kg，相比于传统施工方法减少了 47 kg。

超低/近零能耗建筑集成示范特色明显。自 2019 年国家标准《近零能耗建筑技术标准》（GB/T 51350—2019）发布实施以来，第三方测评机构组织了项目测评工作。根据中国建筑节能协会网上公示的数据统计，截至 2022 年 3 月，全国共计 163 个单体项目通过了测评，浙江省的数量在全国范围内位居第七。在此基础上，2019 年浙江省开展建设省级未来社区试点，确定了“一统三化九场景”的建设要求。截至 2022 年 6 月，浙江省未来社区已有 5 个批次共 467 个创建试点。其中，未来低碳和未来建筑场景，提出应用超低能耗建筑技术，鼓励开展超低能耗、近零能耗建筑示范项目，同时聚焦多元协同的能源供应以及降本增效的智慧节能管理。浙江省通过近零能耗建筑和未来社区探索，初步形成了有效的绿色低碳路径，并取得了典型实践成果。

专栏 2　超低/近零能耗建筑技术典型应用案例

1. 临安中天宸锦学府项目 6 号楼近零能耗住宅

该项目建筑面积 7 864.65 m^2，地上 19 层，地下 2 层，为近零能耗住宅试点，建筑能耗综合值为 54.37 kW·h/（m^2·a），年耗热量 4.28 kW·h/（m^2·a），年耗冷量 17.96 kW·h/（m^2·a），节能效果显著。2021 年获得设计阶段近零能耗认证标识。采用了高性能保温系统、断热桥处理、高效节能外门窗系统、高气密性系统、带热回收的环境一体机、节能照明系统、建筑智能管理系统、光伏发电系统等关键技术。

2. 杭州钱塘新区云帆未来社区近零体验馆

该项目建筑面积为 530 m^2，地上一层钢结构。建筑综合节能率达 76.93%，建筑本体节能率达 22.70%，可再生能源利用率达 74.30%，理论年节碳量约 13.7 tCO_2e，2021 年获得设计阶段近零能耗认证标识。项目采用了高性能围护结构、热桥处理、气密性、“地源热泵空调系统+地板热辐射”、智能照明系统、光电建筑一体化设计等关键技术。

3. 嘉兴南湖渔里社区幼儿园

该项目建筑面积为 5 254.23 m^2（地上）。建筑综合节能率达 108.49%，建筑本体节能率达 38.95%，可再生能源利用率达 108.72%，年节碳量约 150 tCO_2e，2021 年获得设计阶段零能耗认证标识。项目采用了高性能围护结构、自然采光、“高效多联机+新风热回收系统”、节能电梯、智能照明系统、高效节水器具、太阳能光伏发电系统等关键技术。

2.4.2 交通领域

2.4.2.1 技术发展现状

智慧交通、人工智能、新能源和新材料等前沿关键理论与技术将极大加快交通运输系统在基础设施、载运工具和运行效能等方面的低碳化进程。交通运输领域的低碳关键技术形成了“三横四纵”的体系（图 2.4-2），“三横”是指交通基础设施绿色化技术、载运工具零碳化技术和运行效能高效化技术，“四纵”是指道路交通、水运交通、轨道交通和航空交通。

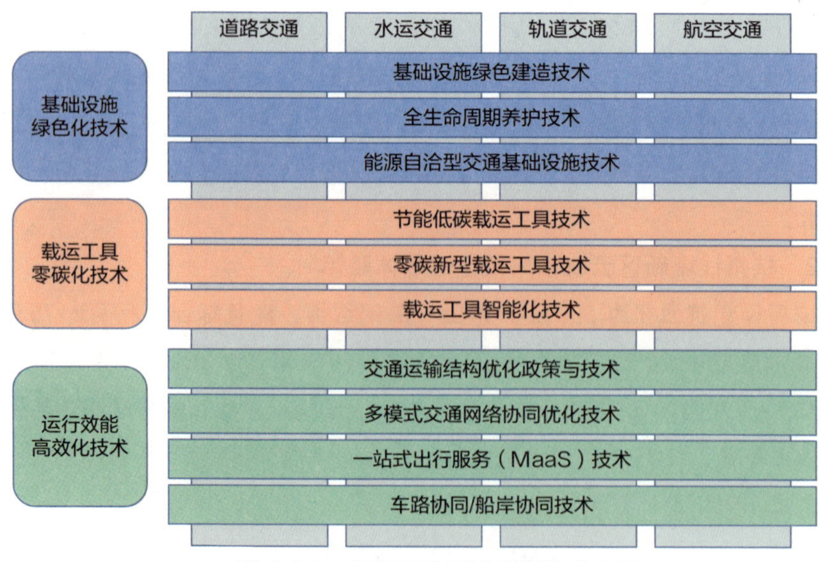

图 2.4-2 交通运输领域低碳技术体系

在交通基础设施绿色化方面，浙江省围绕港口岸电、公路绿色材料施工、基础设施监管养运、交通-能源融合等方面开展科技攻关。研发了高压变频电源、高压上船、不间断供电、电网自动控制等智能港口岸电关键技术；突破了沥青路面就地热再生、超薄磨耗层罩面（UTFC）施工，泥浆干化土再生、泡沫沥青就地冷再生、纤维封层等公路全生命周期低碳技术；形成了太阳能发电、路面光伏发电、智能充换电、智慧云控平台等交通-能源-信息三网融合体系。

在交通载运工具低碳化方面，浙江省围绕新能源与智能网联载运工具、轨道交通电气化等领域开展创新研发。研发了高性能锂离子动力电池、电驱动动力总成、高效安全车用储氢装备、新型燃料发动机等关键技术；突破了智能传感装备、高级辅助驾驶系统软硬件、车联网云控平台、5G 车路协同自动驾驶、船岸协同安全辅助驾驶等关键技术；实现了时速 350 km 高速列车的永磁牵引电机技术应用示范。

在交通运行效能高效化方面，浙江省围绕车路/船岸协同、网络货运平台、一站式出行服务、多模式交通网络优化控制等领域开展创新研发。突破了车车/车路通信、协同感知决策控制等关键技术；研发了多模式交通网络的供需平衡优化、路网运行感知与主动管控、城市绿色出行碳排放计算等关键技术；依托城市大脑开展绿色出行评价、一站式出行服务、网络货运服务等应用。

2.4.2.2 集成示范

浙江省近年来实施了蓝天保卫战、绿色交通创建等多项有力措施，为交通领域碳达峰碳中和奠定了良好基础。在全国率先开展了美丽公路、智慧高速、低碳高速公路服务区、低碳水上服务区、零碳港口等示范工程建设；推动了亚运会 6 市公交新能源汽车全覆盖和一站式出行服务；“浙里畅行”指尖出行服务正式上线，城市公共交通移动支付全面覆盖。编制了《浙江省高速公路服务区低碳建设及运营评价指南》和《加快浙江省内河低碳水上综合服务区建设》等低碳交通建设文件。

专栏 3　交通领域低碳技术典型应用案例

1．宁波舟山港梅山二期零碳码头

在港区滚装码头、仓库屋顶、办公建筑建造分布式光伏、风电等设备，全面提供港区高品质清洁电力；采用电动吊具、能量回馈、无人电动集卡、高压岸电等技术，提升港区电气化水平；采用远程控制及设备自检测系统等港口自动化装卸作业技术，建设智慧能源管理平台，持续提升码头作业效率、运营效能和能源使用效率。项目总投资约 1.8 亿元，建成后每完成 1 000 万标箱作业预计可实现减碳 8 万 t 左右，实现港口区域内净碳排放接近零的总目标。

2．萧山低碳高速公路服务区

通过在服务区楼宇屋面和屋顶铺设安装分布式光伏，年均发电量 55 万 kW·h，能源自给率达到 13.4%；采用微水流自发电设备、空气能热水器、节能环保 LED 灯等低碳节能配套设施；建立源-网-荷-储的多环节协调运行智慧能源管理系统，对光、储、水、电、气、热等能源数据实时采集、智能调度，实现能源多样化供给、用能精细化管理。总投资约 450 万元，建成后可实现年均减碳 200 t 左右。

3．杭绍甬智慧低碳高速公路

通过在路侧布设高清视频感知设备、全要素检测器、车辆微观行为信息采集 RSU 设备等实时交通信息综合感知装备，满足车路协同式自动驾驶需求。部署高速率、低延时、高可靠、全覆盖的 DSRC（专用短程通信技术）、LTE-V2X（车联网无线通信技术）等新一代多模无线通信网络；全线部署高精度定位系统和高精度地图，实现全天候路段动态厘米级/静态毫米级位置服务，以及隧道内分米级精准定位服务。建设智慧高速云控平台，支持具备车载控制功能的车辆实现控制环境下的自主运行。项目总投资约 785 亿元，是我国第一条支持自动驾驶技术的“智慧高速”，使车辆平均运行速度提升 20%~30%，接近 120 km/h，远期预留 140 km/h 提升空间，打造杭州—宁波“1 小时交通圈”。

4. 杭州城市交通大脑

基于人工智能技术的全局优化、分析决策与迭代反馈能力，实现视频智能分析、交通运行诊断、信号控制优化、执法情报研判、诱导信息发布等功能，完善交通运行内在逻辑规则；构建城市交通微控、城市交通体检等应用场景，搭载智能感知路况、智能巡查事件、智能判定堵情、智能优化配时、智能辅助指挥等应用功能，实现城市交通的全息全量决策与优化。车辆停泊、离场的速度提升8倍；试点地面道路平均延误降低8.5%，试点高架道路平均延误降低15.3%；杭州拥堵指数排名从2013年的前三降到2020年第三季度的第31位，有效提升了城市交通运行效率，减少了车辆能耗与排放。

2.4.3 发展趋势

2.4.3.1 建筑领域

在超低/近零/零能耗建筑方面，在建筑节能标准迭代升级的基础上，持续提高建筑建设底线控制水平，健全绿色低碳节能标准体系，加强超低/近零/零能耗建筑关键技术及产品的应用推广，推动与互联网、大数据、人工智能的深度融合。在保温隔热等相关材料与构造技术上进行创新，推动气凝胶等新型材料的研发应用，加大竹木建材装饰材、户外用材的应用，加大绿色低碳新材料的推广力度。大力提升既有建筑能效水平，推广既有公共建筑用能系统调适技术，提升公共建筑用能系统能效，鼓励既有建筑加设太阳能系统，积极推进既有公共建筑领域用能结构优化，提高建筑用能电气化水平，促进建筑用能低碳化。大力提升新建建筑可再生能源应用量。将在“十五五”期间，逐步加大超低能耗建筑建设实施范围。加快支持配套政策研究，从政策层面引导并推进民用建筑实施更高节能标准要求，引入第三方测评机构，大力推动试点示范建设，为近零/零能耗建筑的发展和成熟奠定基础。

在装配式建筑方面，以机械化和标准化为基础、信息化和数字化为手段、装配式建造和装修为主要形式，推广系统化集成低碳装配式技术体系，持续提高装配式构件制造、运输、安装、维修等各环节的有效衔接。结合浙江特点，大力发展装配式钢结构建筑，实现与绿色、超低能耗建筑的有机融合。继续推进数字化和信息化技术、5G 和互联网技术在设计、生产、施工、运维等阶段的智慧化应用。完善装配式标准化体系，积极研发绿色低碳、节能环保的新型装配式结构体系，如装配式组合结构体系。浙江省建筑领域低碳发展预期指标见表 2.4-1。

表 2.4-1 浙江省建筑领域低碳发展预期指标

指标名称	2020 年现状值	2025 年目标值	2030 年目标值
新建建筑设计节能率/%	50～65	75	75 以上
装配式建筑占城镇新建建筑比例/%	30	35	40
钢结构装配式住宅建筑面积/万 m^2	556	1 000	1 500
智慧工地覆盖率/%	69	100	100
城镇新建建筑可再生能源应用核算替代率/%	3～5	8	12

2.4.3.2 交通领域

在基础设施方面，发展全生命周期绿色养护、新一代快速充电、“光储充放”新型充换电站等技术，建设全省充电基础设施智能服务平台。发展港口岸电、港口光伏和风力等可再生能源发电用电，实现港口用能清洁化和低碳化。同时，加快研究能源自洽型交通系统、一体化机场数字管控等技术。交通运载新能源化方面，率先推进公共领域的公交车、出租车、邮政快递车、环卫车等装备新能源化更新；发展氢燃料电池、可再生合成燃料重卡、货车轻量化等技术，开展氢能中重型货车试点应用。发展先进生物液体燃料和可再生合成燃料等船舶技术，推广纯电动船舶应用。同时，加快探索低真空管（隧）道高速列车技术、新能源飞机等创新技术。运行效能方面，发展综合交通大数据、共享出行服务、城市交通大脑、区域票务服务一体化等技术，定制出行、共享出行、旅客联程等客运新业态发展取得明显成效。发展码头作业和船闸联合调度、空天车地协同运输组织、仓配一体化物流、四港联动智慧物流云平台等技术，促进运输提质增效。浙江省交通运输领域低碳发展预期指标见表 2.4-2。

表 2.4-2 浙江省交通运输领域低碳发展预期指标

指标名称		2020 年现状值	2025 年目标值	2030 年目标值
基础设施	低碳高速公路服务区占比/%	—	30	50
	低碳水上服务区占比/%	—	30	50
	沿海五类专业化码头岸电设施覆盖率/%	77	100	100
交通运载新能源化	公共领域车辆新能源化比例/%	62	80（主城区）	100
	当年新能源汽车注册登记数量占全省汽车注册登记总量比例/%	5	20	40
运行效能	高速公路货车 ETC 通行使用率/%	68.3	77	80
	设区市城市主城区公共交通机动化出行分担率/%	36.7	40	45
	大中城市中心城区绿色出行比例/%	70	75	78

2.5 氢能源技术

氢能是一种来源丰富、清洁低碳、应用广泛的二次能源，对构建清洁低碳安全高效的能源体系具有重要意义。氢能是未来国家能源体系的重要组成部分，氢能产业是战略性新兴产业和未来产业的重点发展方向。

我国年产氢量约 3 300 万 t，大部分为灰氢，少量为蓝氢，减碳潜力巨大。基于清洁能源制备的清洁低碳氢，是打造低碳清洁能源体系不可缺少的重要组成部分，也是当下氢能源技术发展的着力点。可再生能源发电成本的降低、氢能与燃料电池产业技术的逐步成熟，为氢能规模化发展提供了有力支撑。全方位支撑绿色氢能发展，亟须提升大规模低碳氢制备能力、大规模氢资源调度存储能力和大规模氢应用消纳能力，围绕安全、高效、经济的核心需求，不断推动绿氢制取技术、氢储运技术、氢应用技术、氢安全技术的基础研究与技术创新。

浙江省在绿色氢能开发利用方面具有先发优势，众多核心方向的基础理论研究和关键技术攻关皆处于国内领跑地位。近年来，随着“双碳”目标提出及氢能技术推广，大型能源国企积极介入并提前布局；燃料电池技术逐步成熟，催生了一大批科创型企业和研发团队，嘉兴、宁波等 7 个市县先后引进了一批氢燃料电池汽车产业链相关企业，开展了氢燃料电池汽车应用示范，累计建成加氢站 17 座，推广应用氢燃料电池汽车 170 辆；氢能供应充分利用工业富产氢气，经过提纯后用长管拖车运送。浙江省氢能源技术体系如图 2.5 所示。

图 2.5 浙江省氢能源技术体系

2.5.1 氢气制取技术

低成本氢气制取是氢能开发利用的基础。利用可再生能源制取绿色氢气既可建立规模化清洁低碳氢源，又可解决可再生能源消纳和电网稳定问题。技术路线主要分为电解水制氢技术和新型制氢技术。

碱性电解水制氢、质子交换膜电解水制氢、高温氧化物电解水制氢的技术发展较为成熟，国内技术积累与国际领先水平差距较小，市场潜力巨大，但目前大规模绿色制氢面临能耗高、造价高，对可再生能源适配性较弱的“瓶颈”，阴离子交换膜制氢因其使用廉价的非贵金属催化剂和碳氢膜的优点成为攻关热点。热化学制氢、生物质制氢、太阳能光电分解水制氢是新型制氢技术的研发方向，目前处于实验室攻关阶段。

浙江省在电解水制氢方面处于国内第一梯队。在碱性电解水制氢方面，省内高校参与研究的 500 Nm^3/h 碱性电解水制氢系统性能接近质子交换膜电解水系统，额定电流密度达 8 000 A/m^2，20 s 内可实现负载从 10%到 100%的变化；在质子交换膜电解水制氢方面，围绕膜电极反应动力与传质、传热耦合机制，开发高催化剂利用率、质荷高效输运的大面积膜电极构筑技术，从实验理论层面开展了大量研究；在高温氧化物电解水制氢方面，开展了电解海水制氢技术、电解 CO_2 合成燃料与高纯氧技术等的研究。

浙江省针对新型制氢技术的研究走在国内前列。在热化学制氢方面，已建成全工程材质 5m^3/h 硫碘热化学循环制氢中试试验台架，并完成全流程调试顺利产氢；在生物质制氢方面，正在积极推进从实验室生物质制氢到示范应用的实质性转变；在太阳能光电分解水制氢方面，针对过程机理开展了基础研究，对光电材料、催化剂电极材料、关键膜材料等核心材料进行了攻关。

2.5.2 氢储运技术

高效储运技术是氢能开发利用的关键。绿氢的生产地一般在西北等可再生能源富集地区，而使用地集中在沿海经济发达地区，对大容量、低成本、高安全储运技术的研究尤为迫切。氢储运的典型技术路线包括高压气态氢储运、低温液态氢储运、常压固态储氢、天然气掺氢输送、有机液态氢储运、纯氢管道输送等。目前，主流氢储运技术的国内外差距较小，但受限于市场需求和法规限制，成果应用经验相对欠缺，尚未形成完整体系。

浙江省针对氢储运技术的研究处于国内领先地位。在高压气态氢储运方面，"领跑"国内技术发展及产业化，首创国际领先的安全状态远程在线监控的大容积全多层高压储氢技术，研制了国际首台 98 MPa 全多层固定式储氢容器，开展了大容积钢制无缝储氢容器失效模式及损伤机理研究，建立了热处理、旋压等制造工艺优化方法，建立了车载复合材料储氢系统优化设计理论和方法，突破了车用压缩氢气铝内胆碳纤维全缠绕氢气瓶的轻量化设计制造技术；在低温液态氢储运方面，率先在国内开展了民用液氢技术研究及示范应用，建成了国内首座中大型国产氢液化系统（液化能力 2 t/d）和国内首座液氢储氢加氢站，研制了氢液化系统用氦透平膨胀机，正在研制液氢计量标准装置与液氢流量计、液氢高压泵阀、车用液氢储罐等关键装备；在常压固态储氢方面，率先在国内开展常压固态储氢技术研究，在高性能储氢材料及其工程应用、储氢系统设计制造与安全失效机制研究等方面取得显著进展，在各种系列氢化物储氢材料的基础物性研究以及工程应用方面拥有国际领先技术，研制了具有自主产权的系列高性能储氢材料及多功能氢化物装置，相关成果在化工、冶金和能源领域获得示范应用，省内首个分布式氢电耦合实验方舱在衢州顺利投运；在天然气掺氢输送方面，研发了国内首套且最高压力的高压氢环境材料相容性试验装置、建立了材料氢相容性试验装备群、开展了掺氢管材的宏观力学性能研究等，正在开展城镇燃气管道掺氢的相容性研究。

专栏 1 氢储运技术相关成果及典型应用案例

1．全多层高压储氢容器

浙江大学、浙江巨化装备工程集团有限公司、北京海德利森科技有限公司联合研制了高能低成本的系列大容积全多层储氢高压容器，产品最早应用于北京飞驰绿能加氢站，服务 2008 年绿色奥运的氢燃料电池示范车。全球最大容积（1.0 m^3）98 MPa 储氢容器应用于丰田常熟加氢站；全球最大容积（7.3 m^3）50 MPa 储氢容器应用于北京—张家口冬奥会保障项目和南海瀚蓝松岗站等多个加氢站。

2．大容积钢制无缝储氢容器

浙江蓝能氢能科技股份有限公司（以下简称浙江蓝能）会同浙江大学研制了设计压力为 50 MPa，容积为 1 m^3 或 1.5 m^3 的大容积钢制无缝储氢容器，目前已在 30 多座加氢站应用。

3．高压氢气瓶

浙江大学、沈阳斯林达安科新技术有限公司联合研制了Ⅰ型和Ⅲ型高压氢气瓶。2008 年，35 MPa Ⅰ型瓶开始出口美国；2010 年，35 MPa Ⅲ型瓶应用于上海世博会氢燃料电池汽车；2016 年，70 MPa Ⅲ型瓶获得我国唯一制造许可，产品应用于上海汽车集团荣威 950 氢燃料电池汽车。现已形成两大系列 5 个规格产品，应用于多个国内公司生产的多用途的氢燃料电池车辆。

4．运输用氢气管束集装箱

浙江蓝能研发的“20 MPa 碳纤维缠绕氢气管束集装箱”已广泛应用于氢能远距离、大容量运输；“30 MPa 碳纤维缠绕氢气管束集装箱”已经完成研发和所有试验。

5．民用液氢产业链示范

浙能集团牵头联合浙江大学、北京航天一〇一所等率先在国内开展了民用液氢技术研究及产业链的示范应用。在国内首次设计并实现了以氦气双透平膨胀制冷为基础的氢液化工艺流程，研制集成 1 m^3/h 氢液化系统，国产化率达 90%。

本套氢液化系统已投产，产能达 2 t/d，仲氢含量大于 97%，能耗小于 18 kW·h/kg-LH_2。浙能集团嘉兴平湖樱花站是国内首座液氢油电综合供能服务站，设有 14 m^3 液氢储罐。

6．加氢站

浙能集团在省内已建成 10 座加氢站，应用了具有惰性气体抑爆和氢气泄漏示踪等专利技术的自研高安全模块化成套加氢装置。

2.5.3 氢应用技术

大规模多元化推广应用是氢能开发利用的目的。氢作为能源在终端的应用主要有两种形式，一是直接燃烧产生热能，可以驱动燃机或内燃机，或者替代化石燃料助力工业热用户（如冶金、水泥的深度脱碳），也可作为民用建筑采暖、灶煮等热源。二是通过燃料电池进行电化学反应发电或热电联产，在交通和能源领域替代化石能源。此外，使用可再生能源制备的绿氨可作为氢能的升级版，被称为氢能 2.0。

浙江省在质子膜氢燃料电池、高温固体氧化物燃料电池、氢（掺）燃机等方面有较好的技术积累。在质子膜氢燃料电池方面，已形成氢燃料电池及整车产业集群，拥有产业链相关骨干企业超 50 家，电池系统及核心零部件方面实现了金属双极板、膜电极、电堆三大燃料电池基础零部件的国产，30～223 kW 电堆系列产品实现量产，发动机产品覆盖 5～120 kW 功率范围的低压与中压两大类系统，同时正在加快推进氢能汽车产品的研发和生产；在固体氧化物燃料电池方面，已形成较为完备的电池电堆及系统的研发、测试及产业化链条，基于平管型与平板型两大路线的技术突破，已分别孵化创新型公司；在氢（掺）燃机方面，浙江省在产业化上走在国内前列，正在开展发电及分布式综合能源领域相关的兆瓦级混氢小型燃气轮机，整机发电功率为 1.5 MW，循环效率为 28%，可燃烧天然气、氢气以及任意比例天然气与氢气的混合气，NO_x 排放小于

25 ppm，目前已完成试验测试平台建设；在绿氨技术方面，致力于合成氨催化剂及其技术领域的基础研究和开发与应用，发明了世界首创、国际领先的新一代 $Fe_{1-x}O$ 基氨合成催化剂；在电化学合成氨方面，开发了一系列高性能氮还原电催化剂。

专栏 2 氢应用技术典型应用案例

1. 嘉兴氢能公交应用示范

嘉兴被纳入首批国家燃料电池汽车示范应用上海城市群，已推广运营氢能公交 100 多辆，氢能车辆行驶里程数已超过 200 万 km；同时，嘉兴港区 3 辆氢能重卡已顺利试运行。

2. 台州大陈岛“绿氢”综合利用示范工程

浙江电力在台州大陈岛设计构建了基于100%新能源发电的百千瓦级氢能综合利用系统，通过“风电制氢-储氢-燃料电池热电联供/燃料电池汽车加氢站”，打造海岛“绿氢”综合利用示范工程，预计建成 100 kW 制氢、100 kW 燃料电池热电联供，200 Nm^3 储氢容量的综合性项目。目前，质子交换膜电解水制氢系统已实现制氢。

3. 高温固体氧化物燃料电池应用示范基地

浙能集团建设了高温固体氧化物燃料电池应用示范基地，具备百千瓦级应用示范能力，开展了 5 ~ 25 kW 级的以天然气为燃料的发电项目示范，系统累计运行时长超 1 300 h，实现了国内首次 20 kW 级 SOFC 发电系统超 500 h 并网运行。

2.5.4 氢安全技术

氢安全技术是氢能开发利用的保障。氢安全涉及氢能产业链的各个环节，是氢能大规模推广和应用的重要前提。氢安全研究及技术包括氢脆失效和材料相容性研究；泄漏/扩散/燃爆等机理研究；氢气泄漏检测以及氢能相关特种设备的检验、检测；氢能生产储运装置、场所和应用终端的泄漏、疲劳、爆燃等的风险评估及防范等。

浙江省在氢安全领域取得了一系列重要成果。省内高校通过自主研发，打破国外垄断，建成了国内首个氢安全实验室；研制了我国首套高压（140 MPa）氢气环境材料耐久性试验装置、高压（90 MPa）氢气环境零部件耐久性试验装置，建立了首个高压氢环境国产金属材料性能数据库，使我国成为继日本、美国后第三个拥有此项检测能力的国家。在系统深入研究的基础上，掌握了关键核心技术和检测评价技术。目前，氢安全实验室已形成了涵盖高压氢环境材料性能评价，高压氢环境零部件性能评价，储氢系统耐压能力、耐火能力、快充温升、疲劳性能检测等的装备群，在为我国氢系统安全基础数据的积累、氢系统安全性能的调控提供重要支撑的同时，还服务于行业氢系统安全性能检测和评价需求；牵头制定了 10 项氢安全相关国家标准，参与制定了包括联合国全球技术规范 UNGTR 13 等在内的 3 项国际法规/标准以及 20 余项国家标准。

2.5.5 发展趋势

浙江是我国的经济大省、资源小省，绿色清洁能源供应不足将严重制约浙江经济和社会的高速发展。在煤炭消费受限、油气对外依存度高、可再生能源资源有限、核电进展缓慢的形势下，氢能将是浙江省未来能源保供的重要抓手，是实现“双碳”目标、能源结构转型升级的重要力量。培育氢能经济，在能源转型的同时可以促进新兴产业的发展。

（1）先行培育氢能源汽车产业，促进氢能规模化开发利用的核心技术积累和标准体系建设。丰富的工业富产氢资源是浙江发展氢能源汽车产业的优势，目前低效利用的约 10 万 t/a 的工业富产氢气，可作为低成本氢源供 1.5 万辆氢能公交使用，支撑浙江氢能源汽车产业发展，有助于氢燃料电池质子膜、催化剂、碳纸、双极板等核心“卡脖子”部件的自主创新和技术突破，并建立完善相关标准体系，为氢能规模化开发利用奠定技术和社会基础。

（2）重点关注基于海上风光电的绿色氢气制取路线。省内可利用的可再生能源总量较低，截至2020年，装机规模3 114万kW，全部并网消纳，可再生能源与核电发电总量占社会用电总量的仅约20%，用于电力补充后已无暇顾及绿氢生产。中远期海上风光电制氢潜力巨大，海水电解制氢、风光电制氢耦合及氢输送方式和技术研究需提前布局。

（3）积极拓展氢能应用场景和供应渠道，促进能源绿色转型。省内工业发达，氢气消纳集中在炼化、合成氨、合成甲醇等领域，氢能的绿色替代应用前景广阔；伴随交通、建筑、发电以及工业等领域深度脱碳的能源需求，氢能储运技术及氢燃机、掺氢燃机、掺氨燃烧、燃料电池发电、氢-电-热耦合等氢能应用技术亟待突破。加大省外或海外绿色氢能源输入，可提高省内清洁能源比重，满足日益增长的经济和社会发展需求。

（4）着力研究绿色氢能规模化输入方式。研究氢管道或天然气管道掺氢输入浙江及大规模应用的技术路线，以及绿氢在可再生能源基地转化氨、甲醇等绿色能源载体，解决可再生能源消纳和清洁能源输入的问题；探索通过绿电交易输入及使用低谷电在用户端制氢的市场和价格机制，大幅降低氢能的储运成本；通过省外海外液氢输入，建设液氢接收和贸易中心，实现液氢公路、铁路和水运联运的氢能供应体系。

（5）积极探索氢能“政策+市场”的双重鼓励，引导相关企业使用绿氢。氢能成本主要取决于制氢成本和储运成本。浙江远离可再生能源发电基地，海上风电成本较高，核能制氢及实时电力市场利用低谷电制氢可能有低价机会，但是这些都取决于政策导向和市场机制。应积极探索氢能“政策+市场”的双重鼓励，引导相关企业使用绿氢，一方面，对绿色氢能替代企业给予政策补贴，降低其用氢成本；另一方面，将氢能与碳排放权交易相结合，挖掘“绿氢”的碳交易价值。

（6）构建氢能科技创新体系，引领高质量发展。当前氢能技术还不足以支撑氢能规模化、商业化应用，绿色氢能制取、储存、运输和应用等各环节在效率、成本、寿命、安全性、便利性等方面亟待突破，省内各优势单位需把氢能研究放在重中之重，在基础理论研究、关键材料攻关、核心零部件和核心装备研发、安全技术研究及规模化示范应用系统布局，力争实现创新性成果，为“双碳”目标的实现和氢能社会建设贡献力量。

2.6 CCUS 技术

CCUS 技术在浙江省能源与工业等领域的碳中和技术体系中扮演着至关重要的角色，是现阶段实现化石能源大规模低碳利用的重要技术选择，可在强碳约束条件下保障燃煤电厂的电力持续稳定供应，增强电力系统的灵活性，为“双碳”目标背景下浙江省能源结构绿色低碳平稳转型提供技术支撑。同时，CCUS 技术可为浙江省化工、水泥、钢铁等难减排行业的深度脱碳提供可行技术方案选择，能有效促进浙江省重点排放行业的绿色转型。

CCUS 技术按照技术流程可以分为 CO_2 捕集、压缩与运输、利用与封存等环节（图 2.6），其中 CO_2 捕集技术是指将不同排放源内 CO_2 进行分离与捕集的过程，根据分离与集成方式的不同，可分为燃烧前捕集、燃烧后捕集和富氧燃烧捕集。CO_2 压缩与运输技术是指将捕集的 CO_2 压缩并运送到可利用或封存场地的过程，根据运输方式的不同可以分为罐车运输（公路与铁路）、船舶运输与管道运输。CO_2 利用是指根据 CO_2 物理化学特征，以 CO_2 为原料生产具有商业价值的产品，根据工程技术手段不同，可分为 CO_2 地质利用、CO_2 生物利用与 CO_2 化工利用等。CO_2 地质封存是指通过工程技术手段将捕集的 CO_2 注入深部地质储层，实现 CO_2 与大气隔绝的过程，按照地质封存体的不同，可分为陆上咸水层封存、海底咸水层封存、枯竭油气田封存等。

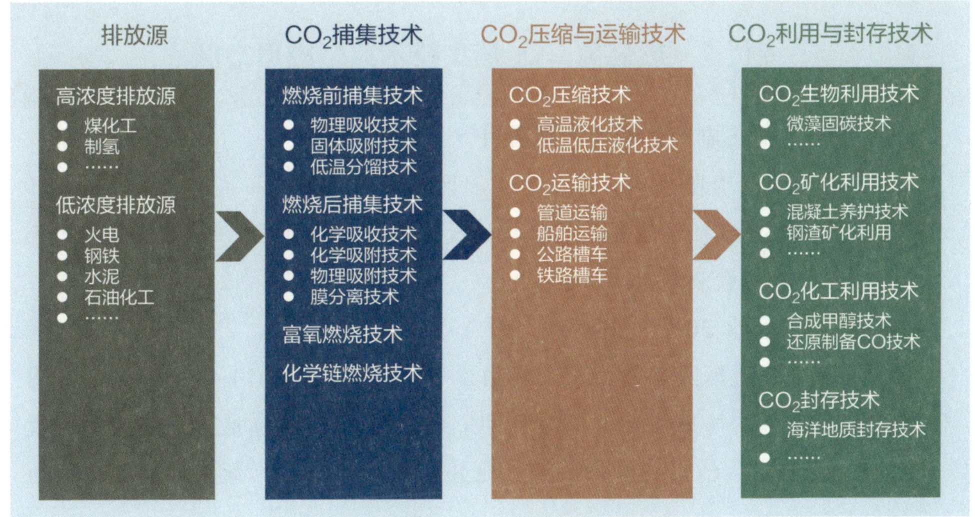

图 2.6　CCUS 技术分类

2.6.1　CO_2捕集技术

2.6.1.1　燃烧前捕集技术

浙江省内分布的煤化工和石油化工企业及其碳排放现状，很适合发展燃烧前捕集技术。这是一种可以在含碳和含氢燃料燃烧前将 CO_2 从燃料或者燃料变换气中进行分离的技术，如天然气、煤气、合成气和氢气生产过程中的 CO_2 分离，这项技术主要应用于化工过程脱碳和整体煤气化联合循环发电（IGCC）中。目前可应用于燃烧前捕集的 CO_2 分离技术主要有物理吸收技术、固体吸附技术和低温分馏技术。我国燃烧前捕集技术整体成熟度较高，处于国际先进行列。浙江省在煤化工、石油化工行业的燃烧前 CO_2 捕集物理吸收技术已经进入商业应用（主要是常规脱硫脱碳低温甲醇洗技术），省内优势企业在相关高新装备如低成本换热塔等的制造上处于全国领先水平，并正稳步推进其他燃烧前 CO_2 捕集技术的开发。

专栏 1　燃烧前 CO_2 捕集技术典型应用案例

1. 浙石化舟山副产品清洁利用项目

浙江石油化工有限公司在舟山化工园区开展炼化副产品清洁利用项目，计划配套建设燃烧前碳捕集装置来回收焦油气化制合成气过程中的 CO_2，并用于生产 50 万 t/a 的食品级液体 CO_2。

2. 中海油丽水 36-1 气田项目

中国海洋石油集团有限公司浙江丽水 36-1 气田于 2014 年 7 月投运，用于净化天然气，该气田共有 4 口生产井，主要生产设施包括一座综合平台及一个处理终端，其 CO_2 将被分离、液化并制取干冰项目，设施的捕集能力为 5 万 t/a。

2.6.1.2　燃烧后捕集技术

针对浙江省内存在的大量煤电、水泥、钢铁等企业的排放特点，有必要加快燃烧后碳捕集技术的研发进度。这是一种从燃煤锅炉和其他工业燃烧过程除尘、脱硫和脱硝后的尾部烟气中分离和回收 CO_2 的技术。目前，可应用于燃烧后捕集的 CO_2 分离技术主要有化学吸收技术、化学吸附技术、物理吸附技术和膜分离技术等，其中化学吸收技术成熟度最高，国际目前最大碳捕集设施规模达百万 t/a，国内已运行十万 t/a 的碳捕集装置，百万 t/a 的设施也已经规划部署。浙江省燃烧后 CO_2 化学吸收捕集技术的研究工作较为领先，相关技术和装备已经应用于国内多个碳捕集工程。此外，在化学吸收、吸附、膜分离等分离新材料基础研究方面取得很大成果，并积极耦合新能源等新兴技术。

专栏2 燃烧后 CO_2 捕集技术典型应用案例

1. 浙江省 CO_2 捕集与资源化利用关键技术和装备项目

浙江省 CO_2 捕集与资源化利用关键技术和装备项目由浙能集团牵头组织实施，正建成的相关示范装置是全球首次将低能耗 CO_2 相变吸收剂工艺应用于工业示范的 CCUS 项目，也是全国首个将 CCUS 技术与煤电全流程耦合的项目，预计每年可捕集 1.5 万 t CO_2。

2. 浙江大学支撑国家能源集团锦界电厂碳捕集工程

国家能源集团锦界电厂于 2021 年 1 月建成 600 MW 亚临界机组燃烧后碳捕集与驱油封存全流程示范项目，捕集能力为 15 万 t/a，2021 年 6 月完成 168 h 试运行考核，CO_2 捕集效率达到 90%，CO_2 捕集纯度达到 99%以上，捕集再生能耗小于 2.4GJ/t CO_2，指标处于国际先进水平。浙江大学作为项目技术牵头单位负责项目关键部件和节能工艺方案设计以及运行优化指导。

3. 浙江大学支撑国家能源集团泰州电厂新型混合胺吸收剂开发

国家能源集团泰州电厂 50 万 t/a CCUS 示范项目于 2023 年 6 月投产，实现 CO_2 捕集率大于 90%，每吨捕集电耗小于 90 kW·h，捕集再生能耗小于 2.4 GJ/t，所用新一代混合胺吸收剂由浙江大学和国能新能源技术研究院合作开发。

2.6.1.3 富氧燃烧与化学链

研发低能耗低成本的新型 CO_2 捕集技术对浙江省冶金、水泥、化工等行业的可持续发展具有特殊意义。富氧燃烧与化学链都是新型的 CO_2 捕集技术，两种技术都避免了从复杂混合气体中分离提纯 CO_2，可在燃料燃烧和汽化等过程中实现 CO_2 的内分离。

浙江省在富氧燃烧系统的智能化诊断控制等方面开展了有益探索，所开发的富氧燃烧技术具有污染物排放和能耗更低的特色优势，在玻璃熔炼、铝合金熔炼领域都实现了工业示范应用。在化学链技术方面，建成了 20 kW 反应装置，完成了 1 MW 并置式双循环流化床化学链气化反应装置设计，在国内率先形成了化学链双循环流化床反应器放大设计准则，为化学链反应器的工业设计提供了依据。

专栏 3　富氧燃烧与化学链燃烧技术典型应用案例

1. 浮法玻璃熔炼富氧燃烧改造工程示范项目

该项目由浙江大学与法国液化空气集团联合实施，项目规模为 10 MW，使用固体燃料石油焦以及气体燃料天然气与纯氧气进行混合燃烧，通过智能化诊断控制技术对工艺进行优化改造，提升了燃烧效率和窑炉生产品质，氮氧化物排放降低 30%。

2. 化学链燃烧实验室规模小试项目

该项目由浙江大学与浙江工业大学联合研发，项目试验装置规模 20 kW，基于钙基载体，采用双循环流化床反应装置原位捕集煤和生物质汽化过程 CO_2 制取高纯氢，同时获得便于利用和封存的含高浓度 CO_2 的烟气。建立了加压双循环流化床热态实验装置，完成了 1MW 并置式双循环流化床化学链气化反应装置的设计，率先形成了化学链双循环流化床反应器放大设计准则。

2.6.2 CO_2压缩与运输技术

CO_2 压缩是指将捕集的 CO_2 气体转化成液态 CO_2 并进行储存的过程，主要包括常温高压液化和低温低压液化技术。浙江省 CO_2 压缩机生产制造领域产业布局完善，具备 CO_2 压缩、运输和存储全产业链百万吨级成套装置设计和制造生产能力。

CO_2 输送是指将液化的 CO_2 运送到可利用或封存场地的过程，主要有管道运输、船舶运输、公路槽车运输和铁路槽车运输 4 种运输方式。当前国内 CO_2 陆路车载运输和内陆船舶运输已进入商业应用阶段，主要应用于规模 10 万 t/a 以下的输送。我国还完成了多条 50 万～100 万 t/a 输送能力的管道项目初步设计，并已具备大规模管道输送设计能力。

专栏 4 CO_2 压缩、运输与存储技术典型应用案例

1. 杭氧气体有限公司 CO_2 压缩工艺

杭氧气体有限公司 20 万 t/a CO_2 压缩工艺可将原料气（CO_2 97%）压缩至 2.6 MPa（A），经预脱水、脱硫、脱烃等初提纯后，进入精馏系统，获得 99.9% 的工业级（15 万 t）和食品级（5 万 t）CO_2 液体产品。

2. 宁波华东能源 CO_2 压缩工艺

宁波华东能源 45 万 t/a CO_2 压缩工艺可将原料气（CO_2 95%）压缩至 2.5 MPa（A），经预脱水、脱硫、脱烃等初提纯后，进入精馏系统，获得 99.9%的工业级和食品级 CO_2 液体产品。

2.6.3 CO_2 利用与封存技术

2.6.3.1 CO_2 生物利用

CO_2 生物利用技术是指以生物转化为主要特征，通过光合作用等将 CO_2 用于生物质合成，从而实现 CO_2 资源化利用。目前，国内外微藻固定烟气 CO_2 转化为生物质技术已达到规模化商业应用阶段，微藻制营养保健食品、畜禽水产饲料、功能性有机肥、可降解生物塑料等利用技术已经实现产业化。另外，微藻固定 CO_2 制取生物燃料等化学品技术也已完成中试阶段。

浙江省在微藻固碳领域拥有国内领先的科技研发力量，牵头完成了国家重点研发项目“CO_2 微藻减排技术”，掌握了国内最先进的 CO_2 烟气微藻减排的关键技术工艺。浙江宁波、温州、舟山等多地拥有生产销售饲料级和食品级微藻及其提取物营养保健品的产业化基地。浙江省预计 3 年内将建成国内首个千吨级 CO_2/a 的立柱式反应器微藻固碳示范工程，并打通高效低成本的烟气 CO_2

微藻减排资源化利用产业链条。

专栏 5　微藻固定燃煤烟气 CO_2 技术典型应用案例

1．微藻固碳制螺旋藻示范工程

由浙江大学牵头并联合鄂托克旗螺旋藻产业园实施了微藻转化利用 CO_2 示范工程，该工程固定 CO_2 的能力达到 1 万 t/a，采用煤化工厂烟气提纯后的食品级 CO_2 在跑道池中养殖螺旋藻。微藻生长速率达到 26.8 $g/m^2/d$，微藻固碳速率达到 46.5 $g/m^2/d$。

2．微藻转化利用 CO_2 示范工程

由浙江大学牵头并联合烟台海融微藻养殖有限公司实施 1 000 t/a 微藻转化利用 CO_2 示范工程，该工程将跑道池与水平管式反应器相结合，以提高单位面积反应器的微藻固定燃煤电厂烟气 CO_2 的速率。微藻生长速率达到 28.9 $g/m^2/d$，微藻固碳速率达到 50.3 $g/m^2/d$。

2.6.3.2　CO_2 矿化利用

CO_2 矿化利用主要是通过天然矿物、工业材料和工业固体废物中钙、镁等碱性金属将 CO_2 进行碳酸化固定，转化为化学性质极其稳定的碳酸盐。目前，国内外钢渣矿化利用 CO_2 相关技术以及磷石膏矿化利用、钾长石加工联合 CO_2 矿化技术与 CO_2 矿化养护混凝土技术已经完成了工业示范。浙江省在矿化利用方面已经有一些应用，如 $Ca(OH)_2$ 与 CO_2 反应制纳米 $CaCO_3$，NaOH 与 CO_2 反应制小苏打等。

专栏6 CO_2矿化利用典型应用案例

1. 湖州 CO_2 矿化利用制纳米碳酸钙示范工程

谢菲尔考克碳酸钙湖州有限公司利用安吉天子湖热电有限公司净化处理的超低排放烟气中的 CO_2 与高纯度 $Ca(OH)_2$ 反应，制取高纯度纳米 $CaCO_3$，年纳米 $CaCO_3$ 生产能力达到 3 万 t，产品纯度达到 90%以上，年固定 $CO_2$1.2 万 t。

2. 浙江大学 CO_2 矿化养护混凝土制品工艺示范项目

浙江大学和河南强耐新村股份有限公司合作，在国家重点研发计划项目支持下，将该公司在焦作的一个高压蒸汽养护混凝土砖设施改造成 CO_2 养护设施。利用工业废弃物，如矿渣、粉煤灰、废弃水泥制造低碳混凝土砖块，并通过 CO_2 养护技术增强砖块的力学性能，全年可生产 20 万 t 低碳砖，年固定 CO_2 约 1.1 万 t。

2.6.3.3 CO_2 化工利用

CO_2 化工转化主要是利用 CO_2 制备具有较高附加值的能源化学品、精细化工品和聚合物材料等，如无机化工产品、合成气、低碳烃、含氧有机化合物单体以及高分子聚合物等，可与现有的能源、化工工艺深度耦合。目前，国内外 CO_2 制备聚碳酸酯/聚酯材料技术最为成熟，已进入商业应用。浙江省在 CO_2 制备高附加值产品方面，形成了一批具有自主知识产权的 CO_2 绿色节能高效转化新技术，如将 CO_2 在低温条件下快速转化为石墨及其他化学品、半导体光催化及电驱动的人工光合作用、CO_2 制备聚碳酸酯等高分子聚合物等，积累了大量成果，技术优势明显。然而，浙江省在 CO_2 化工转化方面总体尚处于基础研究与中试阶段，亟须开展工业示范。

专栏 7　CO_2 化工利用典型应用案例

风电制氢还原 CO_2 制甲醇示范项目

由浙江大学牵头并联合国家电网浙江省电力公司实施风电制氢还原 CO_2 制 CH_4O 中试与示范工程，利用台州大陈岛风电储能电解制氢还原 CO_2 合成绿色 CH_4O 燃料，还原 CO_2 100 t/a，生产 CH_4O 70 t/a。

2.6.4　发展趋势

2.6.4.1　CO_2 捕集技术

燃烧前捕集技术目前较为成熟，成本能耗较低，可在煤化工等行业优先推广使用。燃烧后捕集技术相对成熟，应作为 2030 年前低浓度 CO_2 捕集技术的主要推广方向，从现状到整体技术成熟应用需要 5～10 年，可在化石能源发电、水泥、钢铁等行业使用，预计可于 2025—2030 年进行技术推广，成本能耗将快速下降。

富氧燃烧和化学链技术既可以在新建设施中使用，也可在改造后的旧设施中使用。对于富氧燃烧，燃烧器放大和燃烧过程反应特性控制和工艺优化是加快其推广应用的关键，同时需重点解决传统空分制氧成本过高的问题。对于化学链技术，要重点开发高性能低成本化学链载体，突破化学链双床反应器的放大设计，促进化学链燃烧和汽化技术的示范应用。

2.6.4.2　CO_2 压缩、运输与储存技术

未来针对排量大、压力高、能耗小等综合性能优异的泵送液态 CO_2 的增压泵、压缩气态和超临界气态 CO_2 的压缩机等关键设备的开发能力将会进一步增强。大规模、大压缩比、特高出口压力等级压缩机研发将会被大力推进并取得积极进展。CO_2 船舶输送相关技术标准将不断完善、相关配套设施会逐步建设。

2.6.4.3 CO_2 利用技术

在 CO_2 生物利用方面，预计到 2025 年，浙江省将建成首个千吨级 CO_2/a 立式反应器微藻固碳示范工程；预计到 2030 年，浙江省微藻固碳跑道开放池养藻基地和封闭式反应器养藻产业基地逐渐增多，生物固碳规模达到国内先进水平。浙江省在高产藻种的选育与改造、高效微藻光反应器、高密度培养、生物质加工等技术的研究方面达到世界领先水平。在矿化利用方面，预计到 2030 年浙江省会形成若干大规模示范应用案例，2060 年矿化利用技术将会在浙江省大范围推广。在 CO_2 化工转化方面，未来浙江省对化工原料的需求将不断扩大，CO_2 化工转化技术的需求潜力将会不断增加，预计到 2030 年浙江省会形成若干技术规模示范案例，CO_2 被纳入工业体系，形成全新的 CO_2 经济产业链，化工行业有望加速绿色化。预计到 2060 年，随着浙江省化工转化技术的大范围推广，CO_2 化工转化利用技术将实现全面商业化应用。

2.7 碳汇技术

碳汇技术是指生态系统碳汇能力巩固和提升的技术集成。推动碳汇能力不断提升需坚持系统观念，坚持山水林田湖草沙一体化保护和系统治理，提升生态系统多样性、稳定性、持续性，巩固提升生态系统碳汇能力，促进人与自然和谐共生。与工业减排相比，碳汇技术投资少、代价低、综合效益大、更具经济可行性和现实可操作性，在浙江省应对气候变化、实现碳中和目标中扮演着越来越重要的角色。

碳汇技术主要包括森林固碳增汇、海洋增汇稳汇、湿地保护促汇、农业固碳减排等稳碳增汇技术（图 2.7）。其中，在森林固碳增汇方面，竹林固碳增汇技术、林业碳汇试点创新、林业碳汇数字化已达到国际先进水平。在海洋增汇稳汇方面，海岸带保护修复、高营养盐水体、贝藻共养等增汇技术达到国内先进水平。在湿地保护促汇方面，湿地固碳、湿地保护修复技术在国内领先。在农业固碳减排方面，保护性和有机耕作增汇、农田和养殖业减排技术在国内领先。

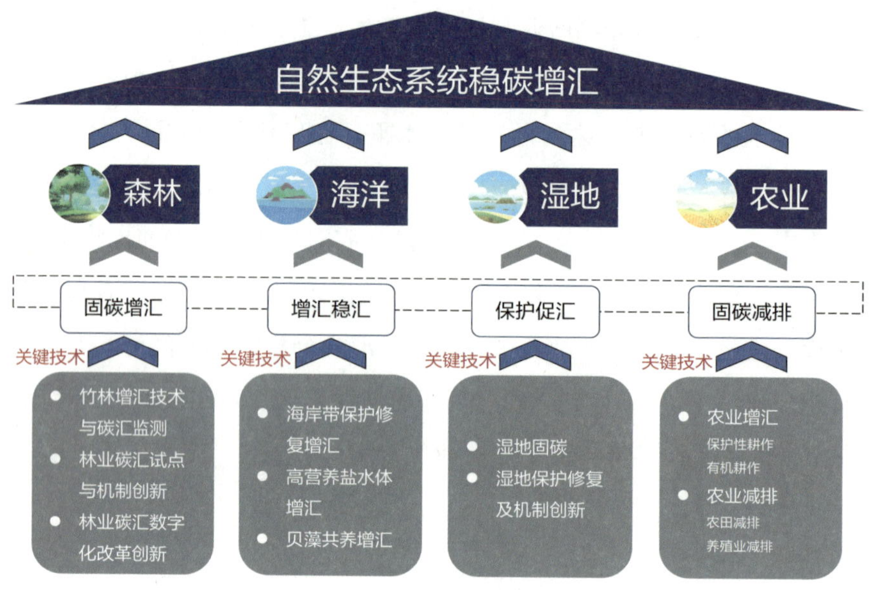

图 2.7　自然生态系统稳碳增汇技术分类

2.7.1　森林固碳增汇

浙江“七山一水二分田”，具备林业碳汇高质量发展的天然禀赋和巨大潜力。2020 年，全省森林覆盖率达 61.17%，较“十三五”期初提高 0.21 个百分点；森林蓄积量 3.78 亿 m^3，乔木林单位面积蓄积量 87.14m^3/hm^2，分别增加了 0.81 亿 m^3 和 17.73m^3/hm^2。森林植被总碳储量 2.90 亿 t，提高了 0.55 亿 t，森林碳汇能力持续增强。

2.7.1.1　竹林增汇技术与碳汇监测

浙江农林大学林业碳汇与计量科技创新团队经过 20 年的联合攻关，在竹林碳汇研究领域取得了关键性技术突破。研发了竹林增汇、稳碳、减排三大关键技术，显著提升竹林净碳汇能力。发现了竹林植被和土壤碳库互作影响机理，研发了地上、地下均衡调控材料和技术，发现竹林植硅体碳积累特征和长期稳碳机制，研发了硅肥富硅生物质复合稳碳技术，以及竹废弃物炭化还林技术，有效抑制和延缓了竹林废弃物的分解排放。

2010年在安吉县山川乡、2011年在杭州市临安区太湖源镇分别建立毛竹林、雷竹林两个竹林生态系统碳水通量研究基地，精确揭示了不同竹林生态系统碳水通量过程和碳源汇变化特征。初步研究结果表明，毛竹林、雷竹林年净CO_2固定量分别为24.309 t/hm^{2}和4.631 t/hm^2，科学阐明中国竹林是一个巨大的碳汇。

专栏 1　竹林增汇技术与碳汇监测典型案例

1. 全国首个国家核证自愿减排量（CCER）毛竹造林碳汇项目

2015 年，在湖北通山实施了全国首个 CCER 毛竹造林碳汇项目，并通过国家发展改革委备案。该项目应用浙江农林大学开发的 CCER 项目方法学——《竹子造林碳汇项目方法学》，是国家发展改革委备案的四个林业碳汇项目开发方法学之一。

2. 全国首个 CCER 竹林经营碳汇项目

2016 年，在安吉山川实施了全国首个 CCER 竹林经营碳汇项目，进入国家发展改革委备案流程。该项目应用浙江农林大学开发的《竹林经营碳汇项目方法学》和《竹林固碳增汇综合经营技术》，该技术入选 2017 年国家重点推广的低碳技术目录（第三批）。

3. 联合国气候变化大会

自 2009 年参加哥本哈根世界气候大会（COP15）开始，浙江省特级专家周国模教授连续 10 次受邀参加联合国气候变化大会，发表竹子应对气候变化专题技术报告，在大会边会上多次阐述竹林在减缓气候变化中的作用，引起国际社会对竹林碳汇的高度重视和认可。

4. G20 杭州峰会碳中和项目

2016 年，中国绿色碳汇基金会联合浙江农林大学林业碳汇与计量科技创新团队组织实施了 G20 杭州峰会碳中和项目，根据造林项目碳汇计量，在浙江省临安区营造了由红豆杉、银杏、光皮桦、檫木、浙江楠等珍贵乡土树种组成的碳中和林，吸收 CO_2，实现了 G20 杭州峰会的“零碳”排放，开创全省“零碳”活动先河。

2.7.1.2 林业碳汇试点与机制创新

2021 年，浙江省开展林业固碳增汇“双十”试点行动，从造林绿化、质量提升、竹木制品固碳、机制创新四个主要方向创建林业增汇试点县 10 个。围绕林业碳汇交易和碳汇能力、潜力明显提升，加强林业碳汇方法学、固碳增汇新技术应用示范，积极参与全国碳市场交易和区域森林碳汇交易，建设林业碳汇先行基地 10 万亩。持续拓宽“绿水青山就是金山银山”转化通道，加快推进区域林业碳汇市场交易，开发林业碳汇金融产品，加快碳汇产品经济价值的实现。

专栏 2　林业碳汇试点与机制创新典型案例

1. “企业（竹木制品加工）+碳汇经营主体”省林业碳汇先行基地建设

宁海县茶山林场林业碳汇先行基地总面积 2 187 亩，探索“经营主体增汇+企业固碳”的创新模式，以经营主体培育竹林、企业收购加工竹木材的方式合作开发竹林经营碳汇项目，推动实现竹林碳汇能力和竹木产品固碳能力双提升，促进当地竹产业发展。

2. 山茶油省林业碳汇先行基地建设

山茶油是我国特有的木本食用植物油，具有重要的战略价值。常山县是浙江省油茶重点产区，享有“中国油茶之乡”之称，多年来忠实践行“两山”理念，立足油茶资源禀赋，搭建发展平台，积极探索实现共同富裕的新路径，开展了油茶人工林生态系统碳汇功能的演变研究。截至目前，已完成新品种造林 4 万亩、低产林改造10万亩，有效提升了油茶林的固碳能力。采用物联网数字化监测手段，通过地径和生物量建立回归模型，计算单株油茶和油茶林的生物量，进而建立油茶碳汇测算模型，精确计算油茶碳汇。

3. 庆元林场省林业碳汇先行基地建设

庆元县庆元林场林业碳汇先行基地总面积3 000亩，通过推进国乡合作经营示范县建设、楠木城建设和现代国有林场建设，探索“珍贵树种+林业碳汇”“国乡合作+林业碳汇”“国有林场+林业碳汇”等创新模式，辐射带动林地10万亩。

2.7.1.3 林业碳汇数字化改革创新

浙江省开展森林生态系统固碳增汇技术攻关，其中“浙江省森林生态系统碳格局、碳循环及管理技术”获2015年省科学技术进步奖一等奖。2022年，开展浙江省区域林业碳汇（碳普惠）项目方法学和林业碳汇项目减排量交易管理办法研究，实施林业碳汇数字化建设，构建林业碳账户，提升数智支撑能力，为区域林业碳汇（碳普惠）交易提供基础支撑。

专栏3 林业碳汇数字化改革创新典型案例

1. 数字化助力杭州亚运会碳中和

由杭州亚运会组委会与浙江省相关部门共同发起，在浙江省开展了“我为亚运种棵树”活动，依托“浙里种树”应用程序，实现义务植树到人、到地块，可量化、可核查，并纳入亚运会碳中和核算范围。开展了“全民助力亚运碳中和”活动，发动重点排放企业、社会团体捐资购买林业碳汇并捐赠给杭州亚运会，率先选择山区26个发展县、革命老区县开发林业碳汇产品，在实现亚运会碳中和的同时，探索打开森林碳汇产品的交易通道，助力山区林农共同富裕。

2. 衢州林业碳账户建设

建立计划管理、项目落图、项目监测、审核备案四个标准化开发流程，解决了项目流程“繁”的问题；应用数字化理念，实行项目表单化管理，全流程线上办理，业务关键点提醒，实现进度实时掌握，提升办理效率，解决了项目管理“难”的问题；通过打通森林资源一张图，实现地块矢量化上图，地块信息查询，自动开展匹配校核，解决了项目地块“乱”的问题；系统严格按照国家标准森林经营碳汇项目方法学进行规范化开发和审核，解决了项目技术“专”的问题；通过嵌入森林经营碳汇项目方法学计量模型，自动获取资源数据进行智能化计算，自动形成监测报告，解决了项目报告“贵”的问题。

2.7.2 海洋稳碳增汇

2.7.2.1 海岸带保护修复增汇

海洋有稳碳增汇的功效，通过人为工程拆除、湿地恢复、滩面整治、湿地植被引种等海岸带保护修复工程措施的实施，恢复了滨海湿地分布面积，促进了海岸带蓝碳生态系统固碳、储碳、减污等综合生态功能的发挥。浙江濒临的东海大陆架是世界最宽广的大陆架之一，有很强的海洋固碳能力。

专栏4　海岸带保护修复增汇典型案例

1．淤泥质光滩修复增汇

舟山市六横岛的海岸带保护修复工程尝试通过芦苇、盐地碱蓬的引种，以及在低潮滩构筑牡蛎礁，探索淤泥质光滩向盐沼湿地转变过程中的碳汇效应发生机制，实现减污降碳协同增效。

2．红树林修复增汇

在浙南沿海的鳌江口、瓯江口、乐清湾和苍南沿浦湾等红树林适宜恢复区域，采取营造和提质改造相结合的方式，扩大红树林面积，新植与修复红树林0.6万亩以上，其中新植红树林0.3万亩以上，修复红树林0.3万亩以上，红树林面积以及生长状况逐年稳步提升。

2.7.2.2 高营养盐水体增汇

人类活动导致的营养盐输入量增加，在光照、温度等条件适宜海区，高营养盐水体可以促进浮游植物快速生长，初级生产过程大幅提升，碳汇效果显著。

专栏 5 高营养盐水体增汇典型案例

以舟山群岛为例，岛群生态效应显著，岛群的存在为此区域高营养水体的抬升、交换等提供了天然助推力，岛群生态系统及其周边海域初级生产过程剧烈、生物多样性、渔业资源极其丰富，拥有很强的蓝碳潜力。对岛群生态效应和主要发生机制进行全面研究，通过渔业资源养护、增殖放流、生境修复等，可以达到提升海洋经济和减缓气候变化的双重目的。

2.7.2.3 浅海贝藻养殖增汇

发展浅海贝藻类可实现固碳增汇。大型藻类可通过光合作用将海水中的溶解无机碳转化为有机碳，滤食性贝类通过摄食活动可去除海水中的有机碳，并且通过吸收碳酸钙形成贝壳，可固定一定量的碳。浙江省渔业以养为主，且贝藻类养殖占很大比例，有很强的固碳能力。

专栏 6 浅海贝藻养殖增汇典型应用案例

1. 贝藻渔业碳汇项目方法学制定

温州市农业科学院研发的《大型藻类渔业碳汇计量方法学》获国家发明专利授权，并在洞头、苍南等县应用，开发了适用于我国国情的贝藻碳汇核算体系，有效管理浅海渔业生态系统碳汇，为区域渔业碳汇交易提供了基础支撑。

2. 藻低碳养殖技术推广与示范

针对洞头、苍南等地的贝藻渔业资源，开展了羊栖菜、毛蚶等高固碳效率种源筛选，集成高效固碳养殖模式（羊栖菜-扇贝-刺参多营养层次综合养殖模式），优化养殖过程中投料、增氧和清塘及堤岸种植等流程，推动浅海贝藻类渔业养殖减碳增汇。

2.7.3 湿地保护促汇

浙江省湿地类型多样，共有 5 类 23 型。据第二次湿地资源调查结果显示，全省湿地面积 1 665 万亩，占全省总面积的 10.90%，其中，近海与海岸湿地面积 1 039 万亩，占全省湿地面积的 62.38%；河流湿地 212 万亩，占 12.72%；湖泊湿地 13 万亩，占 0.79%；沼泽湿地 1 万亩，占 0.07%；人工湿地 400 万亩，占 24.04%。总的来看，浙江省近海与海岸湿地面积最大，沼泽湿地面积最小，形成浙江省湿地独特的碳储量组成格局。

2.7.3.1 湿地固碳

在近海与海岸湿地、山地沼泽方面，系统开展了湿地固碳能力研究。

专栏 7 湿地固碳典型应用案例

1. 近海与海岸湿地固碳研究

该项目依托国家林草局浙江杭州湾湿地生态系统定位观测研究站，浙江系统开展了以杭州湾为典型研究区的自然湿地不同植被类型固碳、土壤有机碳含量分布格局及其围垦效应的研究。杭州湾滨海湿地 3 种优势植物芦苇、互花米草和海三棱藨草年固碳能力分别是中国陆地植被平均固碳能力的 380%、376%和 55.5%，以及全球植被平均固碳能力的 463%、458%和 67.7%。互花米草的土壤有机碳含量高于相同土层的芦苇、海三棱藨草和裸滩。随着围垦年限的延长，土壤有机碳含量增加但其稳定性有所下降。

2. 山地沼泽湿地固碳研究

亚高山湿地是浙江省的特色湿地资源，浙江对浙南典型高山湿地自然保护区开展了森林沼泽、草本沼泽不同深度土壤有机碳含量与分布差异的研究。浙南望东垟森林沼泽、草本沼泽土壤有机碳平均含量分别为 34.2 g/kg、79.4 g/kg，总体呈现随土层深度下降而递减的变化趋势。草本沼泽类型下的土壤有机碳含量在各土层均显著高于森林沼泽。草本沼泽具有较强的固碳能力，但易受人类活动的影响。

2.7.3.2 湿地保护修复及机制创新

开展重要湿地生态保护和修复。将重要滨海湿地分布区域和重要河湖湿地分布流域纳入省级以上重要湿地名录。截至目前，浙江省已建成国际重要湿地 1 个、国家重要湿地 2 个、省重要湿地 80 个、县级湿地保护名录 397 个，湿地保护率达 52%。实施重要湿地生态修复项目 70 多个，补植、种植湿地植物 5 000 多亩，清淤 155 万 m^3，护坡护岸 100 km，栖息地改造 1 万多亩。

专栏 8 湿地保护修复及机制创新典型应用案例

1. 创新湿地生态奖补机制

《浙江省人民政府办公厅关于实施新一轮绿色发展财政奖补机制的若干意见》（浙政办发〔2020〕21 号）明确省财政对生态保护绩效考核达标的省级重要湿地开展生态补偿试点。绩效评价包括湿地生态状况和保护工作情况两个方面 6 个指标。2020 年、2021 年省财政兑现湿地生态补偿资金约 6 600 万元。

2. 创新湿地碳汇金融产品

2022 年 4 月，全国首单湿地碳汇生态价值保险在宁波前湾新区试点落地，为前湾新区杭州湾湿地提供碳汇损失风险保障。湿地碳汇生态价值保险是以湿地的碳汇富余价值（包括固碳经济价值和修复成本）为补偿依据，保障湿地因台风、干旱等自然灾害导致湿地受损，进而导致湿地碳汇量减少的碳汇保险。

2022 年 5 月，浙江省湿地碳汇首笔收储交易落地。德清湿地碳汇交易首单签约仪式在德清“两山银行”举行。首期收储规模 1 万 t，年合同金额 58.83 万元。下渚湖湿地为浙江省首批林业碳汇先行基地，碳汇交易的资金将用于湿地绿化扩面、水下森林生态修复等工作。围绕湿地碳汇产生端、收储端、交易端，构建湿地碳汇全链条绿色金融支持体系。

2.7.4 农业固碳减排

农业生态系统具有碳汇和碳源的双重属性，一方面，农作物和其赖以生存的土壤固定大气中的碳，是重要的碳汇；另一方面，农业生产活动会排放大量的温室气体，是重要的排放源。农业生态系统受人类活动影响较大，该领域蕴含着巨大的固碳减排潜力，推进农业绿色低碳发展，是实现碳中和目标的重要一环。

2.7.4.1 农业增汇

农业增汇的主要措施是采取保护性耕作和有机耕作模式（秸秆还田、有机肥的施用、绿肥种植）。保护性耕作是对农田采用少/免耕技术，结合植被覆盖、轮作和综合养分管理等措施确保耕地可持续利用的综合性土壤管理技术体系。浙江省农田土壤普遍存在肥力偏低、耕地质量退化等问题，实施保护性耕作措施，因地制宜地推广秸秆还田技术，可以减少对土壤的扰动，减轻土壤侵蚀，促进蓄水保墒，提高土壤固碳增汇潜力。推广有机肥施用、绿肥种植、有机肥无机肥配施等技术，可以增加土壤团聚体的稳定性，提高土壤有机质含量。

专栏 9 农业增汇典型案例

秸秆还田

浙江省大力推广秸秆直接还田技术，省农业部门主要采用了三种措施以更好推广该技术：将秸秆粉碎还田一体机等列入浙江省农机补贴目录；推行水稻联合收割机收割水稻残茬标准，规定稻秆残茬必须低于 10 cm；设立地方专项补贴，对于将秸秆粉碎还田率达到85%的农户给予财政补助。目前，浙江省秸秆利用主要是以就地还田肥料化为主，占秸秆资源化利用的比例高达 70%以上。

2.7.4.2 农业减排

农业减排主要包括农田减排和养殖业减排。

（一）农田减排

农田生态系统是最大的氧化亚氮（N_2O）排放源，可以采用减少氮肥施用、优化施肥模式、使用新型肥料（如生物炭基肥）和抑制剂（如缓控释肥、硝化抑制剂）、提高水肥耦合等措施，在增加作物产量的同时有效减少 N_2O 排放，实现增产与减排协同。淹水稻田是农业 CH_4 的主要排放源，浙江省长期淹水稻田多，CH_4 减排潜力大。目前，浙江省已经通过采取中期排水晒田、控制灌溉以及湿润灌溉等优化的水分管理措施，改进稻田施肥管理，以及推广有机肥腐熟还田等技术，降低水稻单产 CH_4 排放。农作物秸秆作为一种农业生物资源，对其资源化利用，不仅能够节约资源，还能避免其焚烧造成的温室气体排放。

专栏 10 农田减排典型案例

1. 化肥减量，减少农田 N_2O 排放

近年来，浙江省积极推进化肥减量增效工作，重点推广测土配方施肥、缓控释肥施用以及有机肥替代等技术，提高肥料利用效率，全省化肥使用量得到有效控制，从2015年至2020年，全省化肥使用量从87.52万t降至69.61万t，化肥减量达20%，减少了农田生态系统N_2O的排放。

2. 秸秆资源化利用

浙江省大力推进秸秆肥料化、饲料化、能源化、基料化和原料化“五化”利用，秸秆综合利用率不断提升，目前全省秸秆资源化综合利用率在96%以上。

（二）养殖业减排

通过优化畜禽饲料配比，使用新型饲料及饲料添加剂，实施畜禽饲养精准饲喂，推广高产低排畜禽品种等措施，降低单产畜禽产品肠道CH_4排放强度。

浙江省每年畜禽排泄总量高达2 000万t以上，通过科学设计和搭建粪污处理设施装备，改进畜禽粪污处理技术，提高畜禽养殖废弃物的综合利用水平，控制畜禽粪便温室气体排放。截至2020年年底，浙江省畜禽粪便处理和利用率达95%以上。

专栏11　养殖业减排典型案例

种养结合生态农业模式

浙江省大力发展种养结合的绿色生态农业模式，包括但不限于丘陵山区的“猪-沼-果（茶）”生态农业和平原地区的“猪-沼-作物”生态农业，在实现畜禽弃物资源化利用的同时也有效降低了农业生产过程中的温室气体排放。

2.7.5 发展趋势

2.7.5.1 自然生态系统稳碳增汇

（一）探索构建区域碳汇交易体系

加强森林、海洋、湿地碳汇产品的开发。探索建立更符合市场及碳中和目标需求的浙江特色碳汇产品培育、开发和激励机制。努力打造碳汇交易储备资源库，积极推动将具有生态、社会等多种效益的浙江碳汇领域温室气体自愿减排项目纳入全国碳排放权交易市场。

建设区域碳汇交易中心。按照“政府主导、市场运作、协同合作”的模式，以林业碳汇与计量科技创新团队为基础，开展立足浙江、面向全国的各类碳汇产品交易试点，完善碳汇交易市场体系建设，为纳入企业、团体与金融机构提供各类碳汇金融创新服务。

创新碳普惠机制。探索建立浙江碳普惠应用模块，激励个人和公众消费低（零）碳产品、购买碳汇、参与植树造林和生态修复。探索建立非控排企业、大型活动组织者和个人等购买碳汇的渠道。推动企业产品开展碳标签认证，引导企业减少供应链中的碳排放。鼓励各类社会资本、社会公众以认购碳汇或捐资造林等形式积极履行碳中和责任。

（二）加强生态系统碳汇科技和人才支撑

加强森林、海洋、湿地碳汇科研平台建设。统筹重点实验室、研究院、科研基地等力量，深化产教融合，推动组建产学研深度融合的碳汇科技创新联盟，开展集成攻关和协同研究。加强碳汇监测基础设施建设。加强平台在碳汇计量监测、巩固提升碳汇能力等方面的关键技术攻关，增强对碳汇产品价值实现机制、碳中和战略咨询等的重要支持。

加强森林、海洋、湿地碳汇能力及潜力分析研究。开展碳汇现状测算及碳达峰（2030）碳中和（2060）年碳汇增量模拟预测，评估生态系统碳汇发展潜力，分析生态系统碳库对碳中和的贡献率。结合区域林木生长率、林地面积、营造林成本等指标，分析林业碳汇项目开发潜力。基于竹木产业绿色低碳循环发展，研究分析竹木质林产品固碳潜力。

围绕森林、海洋、湿地碳汇资源保护、开发、监测等研究方向，加强专业培训和科普教育，加快构建浙江省碳汇科技创新体系和人才培养体系，培养一批应对气候变化特别是在森林、海洋、湿地碳汇方面有理论、懂实践、会操作的高素质人才队伍。

2.7.5.2 农业固碳减排

（一）加大农业废弃物资源化创新力度

目前，浙江省农作物秸秆与畜禽粪便的资源化利用仍然面临重大挑战。农业废弃物常见的利用方式主要包括农作物秸秆还田和好氧堆肥还田。这些利用方式虽然可以小幅增加土壤碳库，但是其生产或应用环节同样会造成大量温室气体排放。因此，需要进一步改进农业废弃物的利用方式，比如农业废弃物热解炭化后还田，为农业固碳减排提供了新路径。

（二）构建数据共享平台

核算农业系统的碳足迹是对农业生产活动提出有效减排措施的前提。然而，农业碳足迹的核算是一个步骤烦琐、数据繁多的系统性工程。受限于数据的可获得性和及时性，大部分研究者无法全面和及时核算农业系统的碳足迹。因此，提倡由政府牵头各部门合作构建全国碳排放数据发布平台，及时更新和共享不同产品碳排放相关的权威信息。

（三）农业碳交易

农业碳中和的实现不仅需要对传统的固碳减排技术措施进行创新，还需要依靠新兴的经济手段——农业碳交易。目前，碳排放交易在浙江省农业领域应用相对较少，存在交易产品种类少、交易数量少等问题。浙江省农业碳排放量巨大，未来需进一步建立和完善农业碳交易项目方法学，推动形成政府主导、社会参与、市场化运作的农业碳交易机制。

2.8 碳监测评估技术

碳监测评估是指将温室气体监测与统计分析、数值模拟等手段结合，定量评估碳源汇状况。在国家“双碳”战略和浙江省先行先试政策指导下，各责任单位和高校等科研机构基于前期工作积累，结合区域生态环境和产业发展特色，走出一条特色鲜明的碳监测评估科技之路，取得诸多具有国际显示度的科技成果，为建立《联合国气候变化框架公约》（UNFCCC）提出的可监测、可报告、可核查的“三可”（MRV）体系，优化完善典型碳源汇监测评估技术方法，及时、准确地估算区域碳源汇状况，摸清家底、科学决策提供了有效支撑，并成为推进和实现“双碳”战略的基石（图 2.8-1）。

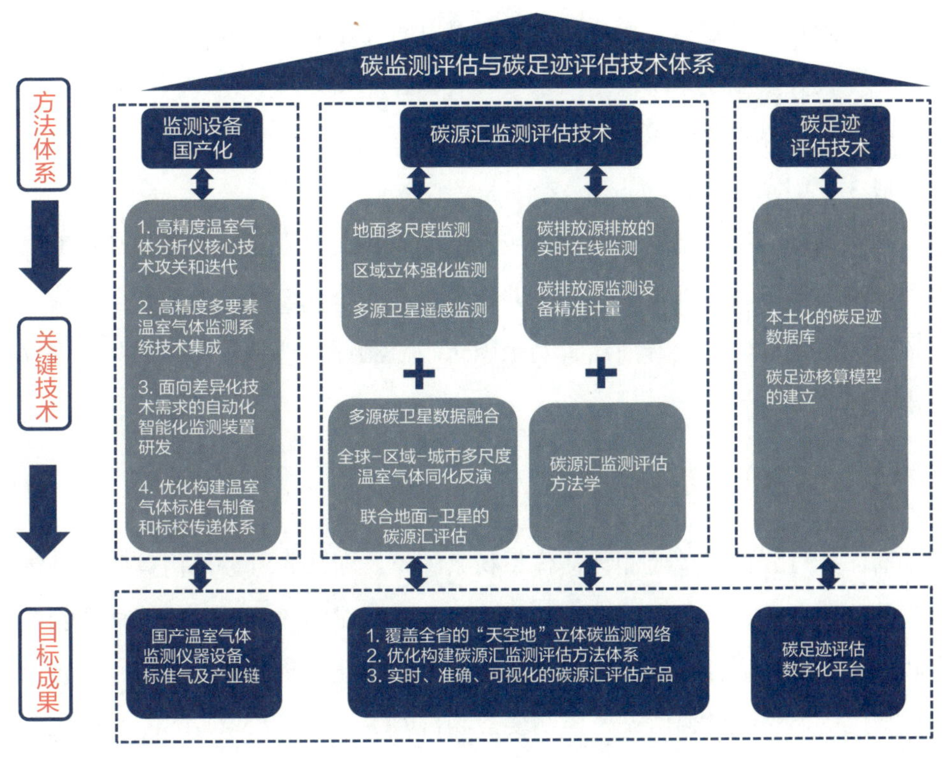

图 2.8-1 碳监测评估技术体系

2.8.1 碳监测设备研发和技术集成

温室气体监测设备研发取得新突破。近年来，在科技部、生态环境部和浙江省科技厅等机构的支持下，浙江省在基于激光光谱技术的多型高精度温室气体分析仪国产化研发领域取得新突破。CO_2 和 CH_4 的测量精度分别优于万分之五和千分之一。研发技术通过科技部、中国计量科学研究院等的专项验收，已在全国推广 30 余套，初步打破我国高精度温室气体监测设备长期依赖进口的现状和“卡脖子”技术难题。

实现多型温室气体监测技术集成从无到有、从有到优的发展。利用自主研发的大气温室气体廓线长管采样监测技术，获取浙江省乃至华东地区首条大气温室气体垂直廓线数据。集成研发了多型具有自主知识产权的高精度温室气体自动化在线连续观测系统（适用于 CO_2、CH_4、CO、N_2O、SF_6 和 H_2 等），观测数据满足世界气象组织/全球大气观测网质控标准，已在全国推广 100 余套，并形成 3 项国家标准。

夯实基础，持续提升碳监测领域标准话语权。自主构建浙江省高精度温室气体标准气制备和标准传递体系，并作为我国两个代表之一参加了全球温室气体监测分析比对，为提升浙江省乃至国家碳监测评估技术水平和国际话语权提供了支撑。

2.8.2 碳源汇监测评估技术

浙江省气象部门碳监测评估体系积累深厚。浙江省气象部门具备十余年温室气体监测评估技术积累，拥有长三角地区最长时间序列的温室气体观测资料和较完善的数据质控体系［图 2.8-2（a）］，已建成临安、馒头山、大明山和舟山普陀等温室气体监测站，监测要素涵盖 CO_2、CH_4、N_2O、SF_6 和卤代温室气体等，监测资料为国家和浙江省科研以及政府决策服务提供了有力的科技支撑。此外，浙江省气象部门力争在 2023 年基本建成布局合理、要素完备、保障有力的高质量温室气体监测评估体系［图 2.8-2（b）］。

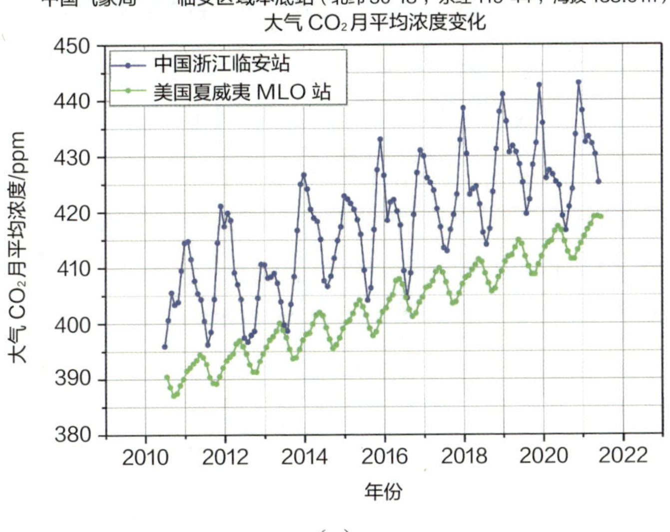

（a）

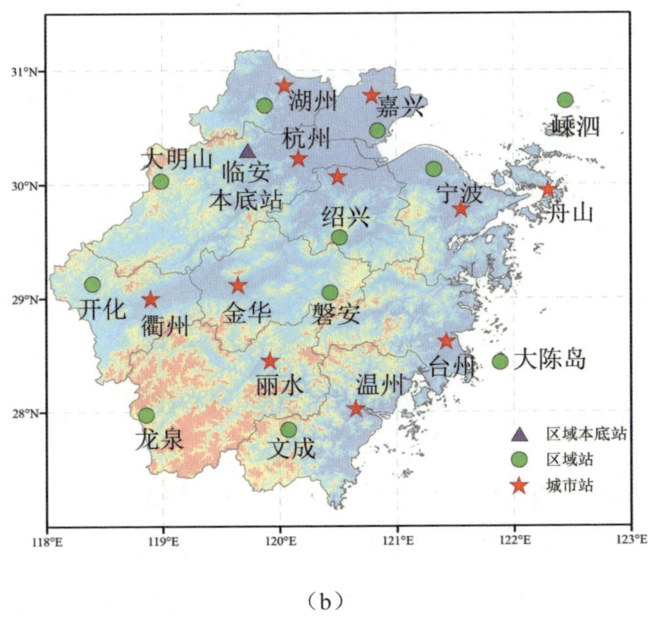

（b）

图 2.8-2 浙江省临安区域大气本底站（联合国世界气象组织/全球大气观测网之一）CO_2 观测记录（a）和温室气体监测站网布局（b）

浙江省生态环境部门碳监测评估体系构建取得阶段性成果。浙江省生态环境部门主要聚焦区域、城市和重点行业三个层面，全力推进碳监测评估试点研究。如图 2.8-3 所示，基于杭州市、宁波市和丽水市 3 个全国碳监测评估试点城市，浙江省生态环境部门于 2022 年建成 15 个城市高精度温室气体监测站、5 个碳汇监测站、超 100 个小微站，并设置 1 个高精度温室气体示范站和走航站，开展 CO_2、CH_4、N_2O、SF_6 和含氟温室气体的在线监测。

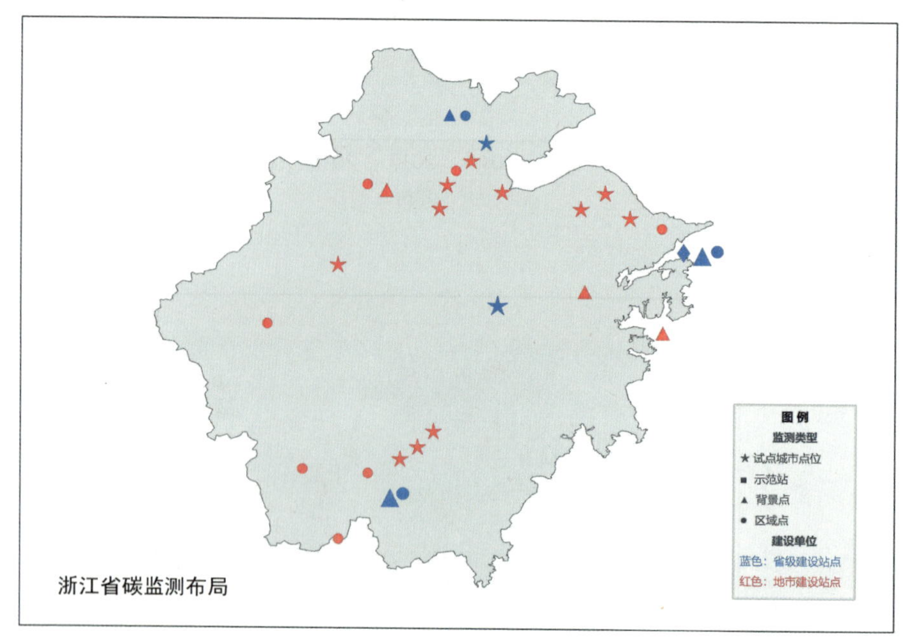

图 2.8-3　浙江省生态环境部门碳监测试点布局

驻浙江省自然资源部门构建了近海碳通量遥感监测与评估技术体系。由自然资源部第二海洋研究所牵头，利用卫星遥感、现场观测、数值模拟等多种技术，攻克了近海高时间分辨率卫星监测、河流入海碳通量、近海海、气碳通量等遥感动态评估难题，构建了海陆统筹的近海多界面碳通量遥感立体监测评估技术体系，实现了近海碳通量的立体监测，创新发布了以碳监测为主题的海洋遥感在线分析平台 $SatCO_2$，并已推广应用于 20 多个国家。

陆源入海碳通量动态监测关键技术
及应用示范($SatCO_2$)（碳多界面方法体系）

2019年度浙江省科学技术奖一等奖

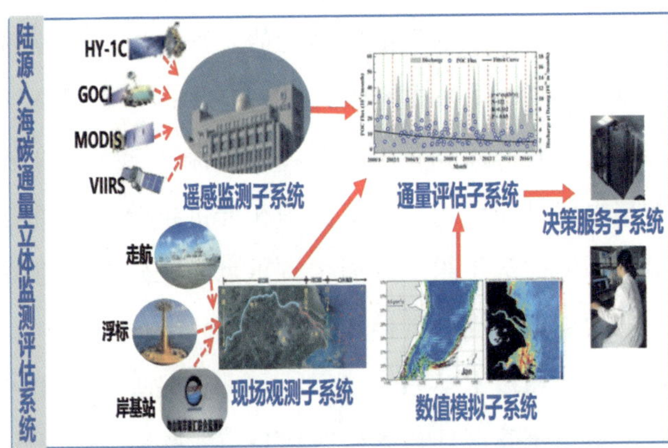

海洋公益性行业科研专项项目“基于遥感与现场比对的陆源碳入海动态监测关键技术及应用示范研究201505003”，2015—2018年

主要完成单位：

自然资源部第二海洋研究所、浙江大学、厦门大学、国家海洋环境监测中心、国家海洋局东海环境监测中心、南京信息工程大学、浙江海洋大学、山东大学、中国科学院南京地理与湖泊研究所

图 2.8-4　陆源入海碳通量立体监测评估系统和海洋遥感碳监测在线分析平台

（www.satco$_2$.com）

构建典型碳排放源直接监测和精准计量技术。碳排放的直接监测具有数据准确、可溯源等优点，是监测排放源的碳排放量、评价减污降碳和碳捕集利用等工作成效的根本方法，对于获取本地化排放因子、支撑和检验碳排放量的核算等具有重要作用，也是未来碳市场“度量衡”的发展趋势。作为生态环境部碳监测评估工作的重点行业试点，浙江湖州率先建成大型火电厂 CO_2 在线监测系统并投入运行，实现了碳排放的实时监测和精准计量。为了保障碳实测数据的高精度，浙江省在 CO_2 监测仪器的计量检定、量值溯源和评价系统等方面均开展了有益的探索。浙江省生态环境厅每年组织开展全省重点企业碳排放监测及复查工作，引入第四方技术机构进一步提升碳排放数据质量。

率先推进林业碳汇精准监测平台和技术体系构建，处于全国领先水平。2009年，浙江省成立“浙江省森林生态系统碳循环与固碳减排重点实验室”，是全国首个以林业碳汇为主要研究内容且拥有国家林业和草原局颁发的“林业碳汇计量监测资格”证书的国家森林碳汇开发与碳汇计量监测的权威机构。2010年，全球首座竹林碳汇通量监测塔在安吉县建成。临安天目山常绿落叶阔叶林碳汇通量监测塔也同步建成并运行，结合卫星、无人机遥感等高新技术，搭建起“天-地-空”一体的森林碳汇立体高精度监测体系。同时，为保障森林碳汇监测精度，浙江省在无线智能碳汇监测仪研发，省、市、县三级林业碳汇多级联动的森林碳储量监测方法研发等方面也取得重大突破。

碳源汇模式反演和时空变化机制研究方面取得一系列成果。开发了适用于全球和国家尺度的温室气体浓度及通量反演溯源方法；建立了全球—全国—区域—园区多尺度碳排放动态“自上而下”的估算体系。评估和解析了我国森林碳汇、我国乃至全球 CH_4 和含氟温室气体源汇，长三角重点城市（上海、杭州和苏州等）碳排放和潜在源区及时空演变机制，为国家和地区应对气候变化内政外交政策提供了有力支撑。

专栏 1 碳监测评估技术典型应用案例

1. 中国科学院大气边界层顶生态环境上黄观测站

该站于 2022 年 11 月 1 日揭牌，是国内首个大气边界层顶生态环境观测站。未来，该站将面向国家和浙江省生态环境持续改善和“双碳”战略及“十四五”时期发展规划等重大需求，开展重点科技攻关，实现大气生态环境和气候变化领域的重大科学创新和突破。

2. 近海碳通量遥感监测评估技术应用

自 2016 年起，自然资源部第二海洋研究所已为 20 多个国家和地区的专业技术人员开展了 7 次海洋遥感在线分析平台（SatCO_2）国际培训，实现了我国在该领域的技术输出。由于 SatCO_2 免费开放共享，巴西、巴基斯坦、越南、泰国、尼日利亚、孟加拉国等多国学员在本国自发讲授 SatCO_2。同时，我国近海和全球海洋碳遥感监测数据集已纳入国家综合地球观测数据共享平台，实现更广泛应用。

3. 竹林碳汇监测技术

浙江农林大学应用卫星遥感、无人机、通量塔和无线传感等技术手段，并辅以地面调查数据，建立了竹林遥感信息多尺度提取决策支持系统，实现了县—省—全国—全球竹林时空分布的快速准确提取，创建了“地面样地—通量观测—多源遥感—过程模型”一体的竹林生态系统碳循碳汇时空监测理论和技术体系，为评价竹林在应对气候变化和“双碳”中的作用提供了科学的数据。该项技术于 2017 年获得国家科技进步奖二等奖。

浙江工业大学与世界气象组织（WMO）、国际竹藤组织（INBAR）合作共同承担了“竹林碳汇‘自上而下’评估体系研究”试点项目。该项目以浙江省安吉县为试点核查区域，尝试针对竹林碳汇构建一套融合“自上而下”和“自下而上”的碳汇潜力核算体系，并作为标准方法在全球推广。

4. 丽水森林碳汇试点监测评估

根据生态环境部《碳监测评估试点工作方案》（环办监测函〔2021〕435 号），确定丽水为全国 5 个基础城市碳监测试点之一，围绕丽水市温室气体立体监测网络和城市碳通量同化反演系统构建，高时空分辨率温室气体排放动态清单编制，碳监测核算动态一张图、碳排放源动态一张表等可视化系统开发和碳监测试点评估项目成效管理及“双碳”评估等开展碳监测试点工作，为后续集成示范打好基础。

2.8.3 碳足迹评估技术

发挥新兴数字技术的优势，大力推进碳足迹评估数字化平台的建设。碳足迹的核算评估技术涉及碳足迹核算模型建立、本地数据库构建、数字化平台开发三个方面。浙江省阿里云 ET 工业大脑，依托阿里云计算与物联网技术，通过数据清洗筛选，对产线、关键设备的能耗及产出进行监控分析。同期，浙江省基于碳排放流图相关技术，将碳排放分为工艺、运输、材料三大类，从其产生、传递和转移等角度，以图形方法分层表达碳排放在产业链间的各种流向。

专栏 2 碳足迹评估技术典型应用案例

碳排放流图数字化技术

杭州电子科技大学应用碳排放流图、双数据结构、物联网等技术手段，构建了全生命周期碳排放核算系统，通过碳足迹元数据的准确溯源与科学量化，实现了碳排放数据的准确核算，并通过分层流图技术对计算精度进行持续改进，为评价多产业链全生命周期碳排放核算提供了科学的数据。

2.8.4 发展趋势

（1）碳监测仪器设备国产化研发。“十四五”期间，浙江省科研院校将继续加快各型碳监测仪器设备国产化研发进程，突破“卡脖子”技术难题，培育一批发展潜力大的优质企业和产业集群，成为引领国产碳监测仪器设备的重要引擎。

（2）优化完善具有浙江特色的立体网络化碳监测体系。结合国家和浙江省“双碳”战略实施需求，在典型生态区分步建设“点—线—面—域”四位一体的多维度、多要素碳监测网络，开展针对性碳通量观测。同时，结合含氟温室气体排放大省的现状，优化完善浙江省 HFCs、CH_4 和 N_2O 等非 CO_2 温室气体监测评估体系。其中，生态环境部门将全力推进城市碳监测评估试点网络业务化运行。2025 年前完成“天—空—地”温室气体立体监测网络和同化反演体系建设。强化数字赋能，构建精细化的碳源汇动态反演系统，产出“一张图”式碳源汇产品，以更高效服务浙江省“双碳”战略。

（3）优化完善碳监测模型反演估算方法体系。针对大气传输模型的伴随模型开发、“天—空—地”多级监测反演核算体系构建、区域高空间分辨率碳同化、多种温室气体联合同化等领域关键问题展开研究。建立碳卫星和卫星遥感监测分类存储数据库，与优化改进的反演模型统相结合，优化构建适用于全球—全国—区域—园区多层嵌套的碳排放实时动态定量估算体系，实现多尺度碳排放精确估算，为评估“双碳”战略实施成效提供技术支撑，并助力企业和园区产业升级和低碳改造，以在碳交易市场中占据有利地位。

（4）优化完善“自上而下”和“自下而上”方法验证体系。传统的“自下而上”法基于排放源原位实测，结合本地化排放因子，在核算企业层面碳排放量具有重要作用。而“自上而下”法则利用各类监测平台获取数据，结合同化反演模型，评估全球、国家和区域大气温室气体浓度分布特征及碳排放量。未来，浙江省各机构将大力推进两种方法的优化完善工作，构建相辅相成、相互验证的涵盖硬件、软件、云端的大数据温室气体综合监测评估体系。

（5）推动数字化碳监测平台建设。通过多种温室气体同步观测、高精度在线实时监测、多点连续自动监测以及排放通量与关键环境要素耦合同步观测，结合物联网技术、5G 通信技术等，建立适用于排放源、园区、区域等不同尺度需求的数字化实时碳排放监测分析平台，实现网络化、数字化、智能化的碳排放监测—报告—核查—管理系统。

（6）完善碳监测评估领域标准体系。碳监测评估工作需要标准的支持。当前，我国碳监测评估领域的相关技术标准严重不足，尤其是自动监测系统、碳汇计量、碳足迹计量核算等相关的规范、标准和规程等亟待建立和完善，以发挥标准体系在“双碳”战略工作中的基础性、引领性作用。

2.9 低碳管理

2015 年 12 月达成的《巴黎协定》，标志着全球经济社会开始向低碳转型。全球低碳转型要求实现以低能耗、低排放、低污染为特征的绿色经济模式，即在生产和消费领域节约能源、减少温室气体排放的同时，保持经济社会稳定与可持续发展（图 2.9）。

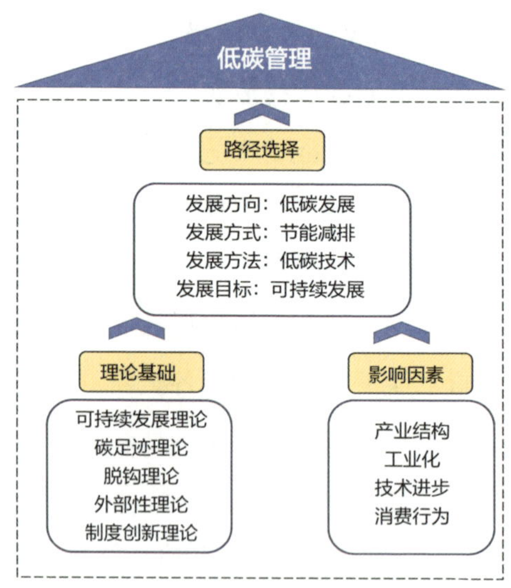

图 2.9 低碳管理总体框架

进入 21 世纪以来，美国多次出台绿色能源相关法案，逐渐形成了一系列低碳管理政策体系，比如《美国清洁能源与安全法案》、“清洁电力计划”等，这些顶层设计为确保低碳目标实现提供了法律保障。英国是最早提出“低碳经济”的国家，形成了“政府投资、企业运作”的低碳经济模式，在能源与气候变化部的指导下，以绿色投资银行和碳信托基金等机构为载体，传统金融机构、能源企业和其他减碳机构积极参与其中。欧盟通过欧盟碳市场，将交易盈利投入低碳技术研发和低碳技术创新之中，日本、韩国等国家也将低碳经济、低碳社会提升到国家战略高度。综观世界各国低碳发展管理的经验与实践，技术创新和制度创新是关键因素，政府主导和企业参与则是主要途径。

向低碳经济转型是中国经济可持续发展的必然选择，“双碳”目标彰显了中国推动构建人类命运共同体的大国担当。中国政府出台了《国家应对气候变化规划（2014—2020 年）》等重大政策，初步构建了以应对气候变化专家委员会、国家和省级领导小组及主管部门为指导机构，以目标责任制、碳排放管理标准、碳排放权交易、低碳试点示范等制度政策为重要抓手，以低碳发展的资金机制、科技支撑机制、统计核算机制、宣传教育机制等为重要支撑的低碳发展管理体系。

浙江省在低碳管理领域积极进取，持续推进产业结构和能源结构优化，工业、建筑、交通等重点领域降碳工作稳步推进，全省碳排放强度指标持续下降。现已形成以下若干典型的低碳管理模式。

2.9.1 碳金融模式

碳金融是指服务于低碳技术研发和应用的直接投融资、碳排放权交易和银行信贷等金融活动。发展碳金融是我国实现绿色高质量发展的重要措施，也是供给侧结构性改革的重要内容。在“双碳”战略目标下，地方政府和金融机构积极探索碳金融政策和碳金融产品，将金融工具引入碳减排领域，促进市场主体形成合力，以较少的政府财政资金撬动更大的社会减排力度。

衢州市是国家绿色金融改革创新试验区，率先构建了以应对气候变化为导向的碳账户体系和碳账户金融“5e”闭环系统，走出了一条绿色金融支持低碳发展之路。衢州市构建了六大领域企业碳账户体系，包括碳排放数据采集、核算、等级评价和场景应用系统，形成了基于企业碳账户的衢州"碳金融模式"。企业碳账户参照银行账户，但存储的不是钱币，而是基于碳排放计量标准计算的碳减排绩效。碳账户的金融本质是从"碳维度"对市场主体碳减排绩效的评估，包含数据采集、核算、评价三个环节。金融机构为客户的资金账户配设碳账户，根据企业碳账户积分，为企业出具碳征信报告，碳征信报告可以服务于金融机构向企业信贷的业务。企业碳账户将金融机构投融资业务与市场主体碳排放结合起来，是碳金融的重要实践和创新探索。宁波市企业碳资产信用等级评价与衢州市碳账户体系具有异曲同工之妙。

专栏 1　绿色金融助力碳减排的企业"碳账户"

1. 浙商银行衢州分行"碳易贷"

2021 年，浙商银行推出专项用于"碳账户"企业的信贷产品"碳易贷"，围绕衢州市工业"碳账户"体系建设需求，为企业在节能、降碳、减排等技术改造提升或配套设施建设过程及日常生产经营流动资金，专项设计了"碳账户"场景应用信贷产品。该信贷产品在授信流程中嵌入碳排放的信息，作为信贷决策参考，将企业碳排放变化情况作为贷后管理的重点关注指标，通过差异化定价政策（一是针对"深绿"和"浅绿"等级的工业企业，分别给予贷款利率减 50 个基点和 30 个基点的优惠政策；二是符合条件的企业最高可以享受 3 000 万元的信用流动资金贷款和 5 000 万元的信用固定资产贷款）引导企业减碳减排，实现绿色可持续发展。

2. 衢州碳账户典型应用案例

衢州市的万元地区生产总值碳排放强度是全省平均水平的 2.17 倍，工业部门碳排放量占全市碳排放量的比例逾 90%。为推动"双碳"落地，衢州市以数字化改革为牵引，以低碳化转型为目标，在全国率先建设工业、农业（林业）、能源、建筑、交通和居民生活六大领域“碳账户”，构建了一套碳排放的数据采集、核算、等级评价和场景应用体系。2021 年年初，衢州率先推出基于新能源消纳和碳排放综合分析的数字化产品“绿能码”——相当于初代“碳账户”。此后，从“绿能码”到“碳账户”，从工业碳账户到涵盖工业、农业（林业）、能源、建筑、交通和居民生活六大领域的碳账户。截至 2022 年 3 月，衢州的碳账户已经接入工业企业 2 392 家、能源企业 94 家、交通领域企业 55 家、建筑主体 109 家、农业主体 845 家，居民碳账户 233.46 万个，形成了一套完整的碳排放数据采集、核算、评价机制和场景应用系统。衢州“碳账户”作为数字化治理工具，以耗碳固碳数据采集应用这一“小切口”，全面撬动衢州产业转型升级、能源循环利用、社会低碳环保的“大变革”，率先走出了一条能计量、可核算的绿色低碳发展的“衢州路径”。

2.9.2 碳效码定量评估模式

浙江各地积极开展了碳效码定量评估的实践探索。湖州市在全国率先推出工业企业“碳效码”。“碳效码”依托电力、统计部门信息，集成企业生产经营用电、用气、用煤、用油等数据，设计碳效评价体系，对规上工业企业碳排放（包含二次能源的间接排放）和碳减排绩效进行动态监测。2021 年 9 月，基于湖州的实践探索，浙江省在全省范围内正式推广工业企业“碳效码”，为全国工业领域数字化控碳作出了有益的实践探索。根据 2021 年 12 月 1 日起实施的《浙江省工业企业碳效综合评价暨碳效码编码细则》，每年对规模以上工业企业的碳效进行综合测算，对标确定碳效等级评价结果，形成“碳效码”。除了工业企业，交通运输企业也启动了“碳效码”。目前，“碳效码”已在“浙里办”“浙政钉”上线，升格为省级数字化应用，全省 4 万多家企业信息数据同步接入。“碳效码”的推广应用，有效推动了企业节能减碳技改，促进了绿色金融产品开发，并可为企业绿色信贷提供依据。宁波市提出将碳排放强度纳入“标准地”指标体系，开展石化、化工等重点行业新建项目碳排放评价试点等。“标准地”改革是浙江省推进以高质量为导向的要素配置市场化改革的重要抓手，通过提高新增用地的准入门槛，“事前定标准、事后管达标、亩产论英雄”，倒逼企业转型升级。

专栏 2　碳评价应用案例

1. 湖州工业碳效码

湖州是浙江省第一个工业碳效智能对标改革（“碳效码”）试点市，在全国首创工业“碳效码”。湖州以数字化理念为引领，拆解工业企业碳排放“测、算、评、治”等关键环节，建立碳效智能对标体系，开展企业碳排放水平、碳利用效率、碳中和情况“三大对标”，形成了融合三个标志于一体的“碳效码”，为实现“双碳”目标提供了“湖州经验”。

工业“碳效码”与企业码平台融合，企业碳效查询可以“一码了然”。场景应用汇聚碳排放量、碳排放强度、能耗总量、能耗强度四大核心指标，汇总各个口径的数据，为企业绘制立体“碳画像”。依托工业“碳效码”，可对高碳企业开展节能诊断服务，制订降碳减量计划，推动实施绿色技改项目。工业“碳效码”形成了碳效评价结果五大应用，在绿色金融、绿色技改、绿色工厂评价、绿电交易、亩均论英雄改革等方面取得了一定成效，营造了部门协同测碳、行业精准控碳、企业主动减碳的氛围，促进了产业低碳转型和企业自主减碳同频共振。截至 2022 年 5 月，湖州市 3 800 家规上企业、5 000 余家规下企业已完成评价赋码。工业“碳效码”的推广应用促进了绿色金融产品开发，为企业争取绿色贷款授信额度累计 13.4 亿元。

2. 竹材产品碳足迹碳标签评估和方法研究

2012 年，浙江农林大学“林业碳汇与计量团队”选择浙江大庄实业集团有限公司的典型竹材产品，按照英国标准协会“PAS 2050 商品和服务碳足迹评价规范”原则，创新地基于企业产品生产的微观视角，全程跟踪了 9 种代表性竹材产品生产的每道工序，从原材料运输排放、产品加工排放、废料燃烧排放、附加物隐含排放及竹材产品碳转移存储5个层次，系统建立了各个工艺场景碳足迹评估的标准和方法，精确揭示出9种竹材产品B2B（Business-to-Business）生命周期的碳足迹与碳标签；综合间接减排和直接减排两条途径，从竹材产品储碳和排碳环节，挖掘企业减排潜力；科学透明的竹材产品碳足迹、碳标签评估，获得国际市场高度认可，助力多家龙头企业的竹材产品进入IKEA（宜家）、WMF等公司的产品采购目录。

2.9.3 碳足迹、碳标签模式

碳足迹用于表征一项活动直接或间接产生的CO_2当量，或者产品在其生命周期内累积产生的CO_2当量。碳足迹原为生命周期评价（LCA）体系中表征气候变化影响的评价指标，具有生命周期的视角。碳足迹可分为三种：一是企业碳足迹，即企业在生产阶段产生的温室气体排放可划分为三大范围：范围1指企业内部的直接排放；范围2指企业外购的电力和蒸汽生产过程中的排放；范围3指企业在原料供应链生产过程的排放。二是产品碳足迹，即产品或服务在整个生命周期温室气体的排放总量。三是个人碳足迹，即每个消费者在日常生活中衣、食、住、行等所导致的温室气体排放。碳标签是指将产品碳足迹在产品标签上用量化指标标示出来，以标签的形式告知消费者产品的碳信息。一般而言，产品碳标签制度建立分为两个步骤，第一步是统一产品生命周期温室气体排放的核算边界与方法；第二步是建立起碳标签制度的整体制度框架，包括核算环节、核证与颁发环节以及第三方认证机构等。

2022年6月22日，欧洲议会通过了欧盟碳边境调整机制（CBAM）草案修正案，确定从2027年起正式开始征收碳关税，2023—2026年为过渡期。碳排放包括“直接排放+间接排放”，间接排放是指产品生产过程中耗电产生的间接排放。如果出口方未提供合规的碳排放信息披露，将采取惩罚性措施，即使用出口国同类产品碳强度最高的10%企业均值，或采用欧盟同类产品碳强度最高的5%企业均值作为默认值，征收碳关税。碳标签作为应对碳关税的手段，有望通过合规的碳排放信息披露，避免企业被欧盟征收惩罚性碳关税，因而得到了行业协会和出口企业的重视。中国电子节能技术协会在国内率先开展了电子产品的碳标签认证。

浙江省已将碳足迹、碳标签纳入相关政策。2021 年 4 月，浙江省市场监督管理局发布的《2021 年标准化工作省部合作行动计划》，明确“加快制定一批碳标签、碳足迹等关键标准”；2021 年 6 月发布的《浙江省生态环境保护“十四五”规划》提出“鼓励推广应用‘碳标签’”；2021 年 11 月发布的《浙江省人民政府关于加快建立健全绿色低碳循环发展经济体系的实施意见》提出，“在外贸企业推广‘碳标签’制度，积极应对欧盟碳边境调节机制等绿色贸易规则”；2021 年 12 月发布的《浙江省人民政府关于完整准确全面贯彻新发展理念做好碳达峰碳中和工作的实施意见》提出，要“加快完善‘碳标签’‘碳足迹’等制度”。

浙江各地积极开展了碳足迹碳标签实践探索。2021 年 7 月，全国首张农产品领域碳标签“天目水果笋”在临安面世。2022 年 8 月，嘉兴市南湖区为大桥镇阳光葡萄贴上了全国首张水果碳标签。2022 年 5 月，衢州第一批开展碳足迹核算企业名单公布，包含 150 家企业，对于经过核算的产品将赋予碳标签。企业层面的碳足迹、碳标签实践也逐渐步入正轨。2020 年 6 月，中国质量认证中心杭州分中心为杭州环宇集团有限公司颁发了红酒物流仓储服务和木质家具产品碳足迹证书，这是该中心在浙江省颁发的首批碳足迹证书。湖州明朔光电科技有限公司、宁波海天塑机集团、浙江绿源电动车有限公司等企业已获得由中国电子节能技术协会颁发的产品碳标签评价证书。

2.9.4 低碳生活与碳普惠模式

尽管居民生活直接产生的碳排放在全社会排放中占比较小，但绿色消费选择可以通过供应链传导带动供给侧结构性改革，助推全社会的碳减排，提升全社会的低碳意识，践行绿色低碳生活。建立个体低碳生活激励机制，有效动员社会公众力量参与低碳行动，营造绿色低碳社会氛围，是实现“双碳”目标的重要组成部分。

碳普惠机制近年来受到较多的关注。碳普惠机制是通过科学合理的计算方法，对个人、家庭和社区的节能减排、减少资源消耗等低碳行为进行量化，赋予一定价值，并通过有效的激励方法对低碳行为进行正向的引导。近年来，北京、广东、四川、江西等多地已经建立或正在筹划针对个人消费端的碳普惠机制，涉及居民生活的绿色交通、垃圾分类、绿色消费等领域。

浙江省既是“两山”理论发源地，又是互联网产业聚集地，在建立个人低碳行为激励机制方面，与数字化技术相结合，已经取得一定成效，走在了全国前列。在政府层面，浙江省生态环境厅与浙江省环境科学院联合开发了“浙Q碳”小程序，通过录入“衣、食、住、行、用”五大场景消费数据，可计算居民生活领域的碳排放量，方便居民了解个人日常生活中的碳排放情况。浙江省发展改革委、市场监督管理局、林业局等单位联合推出了“浙江碳普惠”应用，目标是建立浙江省碳普惠核算标准体系和碳普惠技术体系，对公众低碳行为进行量化，统一全省标准，为市民和小微企业的节能减碳行为赋予价值，建立激励机制。

2016年，蚂蚁集团基于旗下支付宝平台，推出蚂蚁森林项目，用户践行低碳行为所产生的碳减排量可量化成“绿色能量”，用户用积攒的“绿色能量”在线兑换一棵树或一平方米的公益保护地，蚂蚁集团与合作伙伴以捐赠形式委托公益组织实地开展植树造林和生态保护项目，建立了一套个人低碳行动的量化和激励机制，同时带动公众参与低碳生活和生态修复及保护。截至2021年年底，蚂蚁森林平台已有全国范围内注册用户6亿多人，委托专家机构建立起个人碳减排计量方法学体系，覆盖包括绿色出行、减少出行、减纸减塑料、高效节能、循环利用等五大类40余小类生活场景，带动个人碳减排超过2 000万t，真实植树造林超过3.2亿棵。2019年，蚂蚁森林项目获颁联合国地球卫士奖，以表彰该项目通过数字化技术，激发全球用户的正能量和创新行动，成为鼓励公众参与低碳行动的“浙江名片”。

2.9.5 “绿色低碳赋能共同富裕”新模式

碳达峰碳中和与共同富裕的目标协同。2021年，《中共中央、国务院关于支持浙江高质量发展建设共同富裕示范区的意见》提出，要践行“绿水青山就是金山银山”理念，打造美丽宜居的生活环境，全面推进浙江省生产生活方式绿色转型。该文件为浙江先行建成共同富裕示范区提供了强大规划指引和政策动力。碳达峰碳中和为共同富裕注入了可持续发展的内涵，在生态文明新时代，以“绿水青山”为代表的生态产品和生态资源与物质富裕、精神富有一样，是共同富裕的重要内容之一。

浙江各地掀起探索浪潮，共同富裕示范区建设扎实展开。2021年7月，《浙江高质量发展建设共同富裕示范区实施方案（2021—2025年）》正式发布。方案提出，率先基本建立推动共同富裕的体制机制和政策框架，努力成为共同富裕改革探索的省域范例。浙江省是全国发展最为均衡、城乡发展水平差距最小的省份之一，在沿海地区与内陆地区、平原地区与山区发展协作方面积累了很多经验，在全国东西部扶贫协作和对口支援中起到了表率作用。值得关注的是，浙江省湖州市发布绿色低碳共富综合改革实施方案，以奋进者姿态走好绿色低碳共富的生态文明新路。其中，湖州市安吉县创新谋划了竹林碳汇改革，创建了全国首个县级竹林碳汇收储交易平台，并打造了林地流转、碳汇收储、基地经营、平台交易、收益反哺的全链体系，即通过“两山银行”收储，建立资源资产入股、拿租金、挣薪金、分股金的“两入股三收益”农民利益联结机制，将分散的竹林资源归集，全域实施竹林碳汇增汇工程，用竹林碳汇撬动全产业链提升。

2.9.6 发展趋势

2.9.6.1 提前谋划参与碳市场

经过碳交易试点运行，国家碳市场已于2021年7月正式启动，电力行业开始上线交易，2019—2020年是第一个履约期，2021—2022年是第二个履约期。按照构想，全国碳市场将覆盖8个行业20个主要子行业，纳入8 000～8 500家企业，可以控制约70%的能源相关碳排放。“十四五”期间有望实现重点行业的全覆盖，水泥、电解铝、钢铁、石油化工等行业启动上线交易。

从本质上讲，碳市场是两个政策工具的组合。对于碳减排做得好的企业是一种补贴，对于做得差的企业是税收，做得越好、补贴越高，做得越差、税率越高。当前参与国家碳市场的浙江企业主要是发电企业，随着国家碳市场的发展、覆盖行业的扩大，水泥、石油化工等行业将会被列入控排企业，这些行业需要提前谋划，积极应对，做好参与国家碳市场的各项准备工作，力争将挑战转化为机遇。

2.9.6.2 未雨绸缪应对碳关税

2022年6月22日，欧洲议会审议通过了《欧盟碳边境调整机制草案修正案》，确定从2027年开始正式开始征收碳关税（2023—2026年为过渡期）。

欧盟征收碳关税对浙江的出口企业将会带来新的挑战。由于欧盟碳边境调整机制草案未明确认可出口国碳定价机制的条件和方式，即便出口企业被纳入中国碳市场，也不一定能被欧盟认可。因此，浙江的出口企业应对欧盟碳关税可以采取两条腿走路的方式。第一，提供合规的产品碳排放信息披露，避免被欧盟按照默认值惩罚征收碳关税。碳足迹包含“直接排放+间接排放”，是产品碳排放信息披露的方式。第二，持续推进企业低碳转型乃至零碳转型，一方面推行清洁生产，提高生产经营过程的碳效率；另一方面增加非化石能源的使用比例，降低产品碳排放因子。

2.9.6.3 深化碳效码定量评估

参与国内碳市场或者应对欧盟碳关税，都需要企业提高生产经营过程的碳效率。这就要求将“碳效码定量评估”纳入企业甚至产业园区的绩效评价指标体系，使得碳效率成为企业碳中和行动的指挥棒。下一步应考虑将碳排放双控指标纳入“标准地”指标体系，使新建园区、新建项目、新增用地指标与碳排放双控指标挂钩；对于已有产业园区和现有企业，要深化“亩均论英雄”改革，将“碳效码定量评估”纳入绩效评价指标体系，倒逼企业低碳转型。

第三章

浙江省碳达峰碳中和科技发展创新平台

实现“双碳”目标，科技是关键变量，创新平台和企业是重要载体。浙江省在“双碳”科技创新平台建设、“双碳”科技创新企业支撑、“双碳”科普实践活动开展等方面先行先试，取得了显著成效。

3.1 “双碳”科技创新平台

近年来，浙江省不断提升以科研院所和企业为主体、产学研用紧密结合的科技创新平台建设，加快推进“双碳”领域高能级平台的高质量转型，取得明显成效。主要体现在以下两个方面。

一是绿色低碳高能级科创平台建设步伐加快。浙江已在化学工程、能源清洁利用、含氟温室气体、亚热带森林、海洋学等多领域培育出 8 家国家重点实验室。在化工聚合物效能优化、绿色化，化石燃料和低品位能源的高效清洁利用，海洋动力过程与生态环境、大洋环流与气候变化、气候友好替代品标准研究、森林生态服务功能与利用等方面，研究水平处于国内领先地位。同时，不断引进国内外顶级专家组建高水平创新团队，加强智汇载体建设。

专栏 1 绿色低碳高能级科创平台

1. 国家重点实验室介绍

（1）能源清洁利用国家重点实验室

实验室依托浙江大学，于 2005 年由科技部批准建设。承担了一大批国家级及省部级项目、企事业合作项目和国际合作项目。实验室以化石燃料的高效清洁利用、新能源及先进能源系统、低品位能源的高效清洁利用等为主要研究方向，获国家科技进步奖（创新团队）1 项，国家技术发明奖一等奖 1 项（燃煤机组超低排放关键技术研发及应用），国家科技进步奖一等奖（参与）1 项，国家自然科学奖二等奖 1 项，国家技术发明奖二等奖 3 项，国家科技进步奖二等奖 7 项，省部级科技奖项一等奖 24 项。发表 SCI 检索论文 3 059 篇，EI 检索论文 1 092 篇，出版专著及教材 47 部，获得（授权）国家发明专利 765 项、国际专利 19 项。

（2）含氟温室气体替代及控制处理国家重点实验室

实验室依托浙江省化工研究院，由科技部于 2015 年 9 月批准设立。在含氟温室气体替代及控制处理关键技术方面引领行业发展方向，获得国家科技发明二等奖 1 项，联合国认可荣誉 1 项，国际权威奖励 1 项，开发出全氟己酮等 13 个新产品，4 项成果已实现转化，获得国家专利授权 58 件，部分技术达到国际领先水平。目前，实验室已经成为我国开展含氟温室气体替代及控制处理领域的产品开发、应用基础研究、高层次人才培养的重要基地之一。

（3）亚热带森林培育国家重点实验室

实验室依托浙江农林大学，于 2017 年由科技部和浙江省政府联合发文批准建设。实验室设立了亚热带林木种质创新与繁育、亚热带林木栽培生理与品质调控、亚热带森林经营与生产力提升、亚热带森林生态服务功能与利用 4 个研究方向，致力于应用现代生物技术与信息技术，发展和提升传统森林培育的理论和技术研究。获国家自然科学奖二等奖 1 项，有包括长江学者、国家杰出青年、列入国家千人计划和国家百千万人才工程的研究人员超百人，获批国家自然科学基金重点项目、面上项目超 30 项。

（4）硅材料国家重点实验室

实验室依托浙江大学，1985 年在浙江大学半导体材料研究所的基础上，由原国家计委批准建设（原名高纯硅及硅烷国家重点实验室），1988 年正式对外开放。主要研究方向有：半导体硅材料的晶体生长、晶体加工和缺陷工程；半导体薄膜生长、物性评价及器件应用研究；复合半导体材料研究；微纳结构与材料物理。共获得国家自然科学二等奖 2 项，国家技术发明二等奖 2 项，浙江省科学技术（发明）一等奖 5 项，技术发明一等奖 1 项。江西省、湖北省科学技术进步（技术发明）一等奖各 1 项（合作），教育部自然科学二等奖 1 项，浙江省科学技术进步二等奖 2 项。发表 SCI 检索论文超 2 000 篇，获得国家发明专利 492 项，国际专利 5 项。

（5）卫星海洋环境动力国家重点实验室

实验室依托国家海洋局第二海洋研究所于2006年建设成立。实验室重点围绕海洋卫星遥感技术与应用、海洋动力过程与生态环境、大洋环流与气候变化三大方向开展应用基础研究和前沿技术研发。建设四大自主海洋平台系统，包括建成 $SatCO_2$、Argo 和 Bio-Argo 浮标水下观测网、长江口外区域性海洋生态立体观测系统，以及在建热带西太平洋双十字架浮潜标阵列。研究成果已在国家多个业务部门和全球多个国家得到推广应用，取得了重要的社会效益。获得国家科技进步奖 3 项和省部级奖项 30 余项。

（6）固体废物能源化清洁利用技术与装备国家工程研究中心（原垃圾焚烧技术与装备国家工程实验室）

实验室依托浙江大学热能工程研究所，联合光大环境科技（中国）有限公司、杭州锦江集团有限公司、南通万达锅炉有限公司等理事单位和若干成员单位，2016 年获国家批复建设。主要任务是针对我国生活垃圾、危险废物、农林废弃物、可燃工业固体废物和污泥等固体废物热化学处置技术稳定性不高、二次污染突出的问题，开展焚烧、热解和汽化等先进热处置、热能高效利用、烟气深度净化、二噁英解毒和重金属稳定化、飞灰和炉渣安全处置等技术、工艺、装备的研发和工程化。城市生活垃圾清洁焚烧的研究、污泥干化焚烧集成技术、危险废物热解焚烧集成技术成果荣获国家科学技术进步奖二等奖等多项奖项。

（7）自然资源部海洋生态系统动力学重点实验室

实验室依托自然资源部第二海洋研究所成立于2005年，设置“近海生态系统关键过程与健康评估”“深海生态系统观测与生境保护”“极地生物地球化学过程与气候变化”三个研究方向。在河口近海多重生态灾害预警预测、大洋生物多样性保护以及公海保护区规则制定、极地气候变化与生态安全应对等方面科研成果丰富。实验室研究成果对推动我国近海业务化观测体系从水文和动力灾害监测，向生态系统监测预警拓展提供了支撑；参与的南极“大环”计划（Big-Ring）列入科技部等多部委印发的极地科技发展规划等。在 TOP 期刊上发表了一系列高质量文章，并获得高等学校科学研究优秀成果奖（科学技术）一等奖，多项省部级科技奖励等。

（8）污染环境修复与生态健康教育部重点实验室

实验室依托浙江大学于2003年成立。瞄准国际学科发展前沿，针对环境污染防治、生态健康与农产品安全等国家重大需求，以提高环境质量、保障农产品安全、增强人类健康为目标，重点研究资源与环境领域污染过程、诊断、控制与修复的理论与技术，使实验室成为污染环境修复与生态健康领域的应用基础研究和解决该领域国家重大关键科学技术的创新平台、高层次人才培养基地，以及全方位多层次国际学术合作交流窗口。实验室承担数项国家重大重点项目，以及国际（地区）合作与交流项目11项，承担国家环保部门、农业部门、气象局等行业专项9项。对国家生态环境与生态健康科技的发展起到了重要作用。

2. “双碳”智汇载体——白马湖实验室

由浙江省能源集团有限公司牵头，联合浙江大学、西湖大学共建。总部设在杭州高新区（滨江）白马湖畔。实验室围绕太阳能转化与催化、零碳能源转化与存储、能源低碳转化与多能耦合等方向开展研究，着力破解能源领域的重大科学问题、关键技术，构建多元协同发展的清洁能源供应体系，推动产业绿色低碳转型，保障能源安全。首批建设的氢能储运技术、太阳能转化与催化、能源清洁低碳、电化学储能技术和新能源材料五个研究所已启动，人才相关配套政策进一步明确，2022年会聚科研人员近200名，打造科研团队数个，加快会聚国内外顶级专家和高水平创新团队，加快汇集更多“智慧”。

二是各类“双碳”科技创新孵化器建设步伐加快。据统计，浙江在“双碳”领域以高校、科研院所和企业为主体的国家和省级创新研发机构总量均位居全国各省区市前列。全省拥有含氟温室气体替代及控制处理、生物燃料利用、燃煤烟气净化、风力发电技术、火力发电高效节能、深远海风电技术等领域省级重点实验室71家。建成了工业锅炉炉窑烟气、抽水蓄能、低碳建筑、光伏封装材料、化学储能、动力电池与新材料等领域省级工程技术研究中心7家。初步形成了以浙江清华长三角研究院、中国科学院宁波材料技术与工程研究所、天津大学浙江研究院等为代表的7家省级新型研发机构；以及以嘉兴秀洲高新技术产业开发区、诸暨现代环保装备高新技术产业园区等为代表的 8 家高新区。建成了先进碳材料产业、绿色石化产业、新能源产业、绿色环保化工产业、节能环保产业为代表的 5 家“双碳”领域省级产业创新服务综合体。总体来看，浙江在培育新材料、新能源、节能环保等战略性新兴产业和高成长性产业孵化器方面成效显著（表 3.1-1）。

表 3.1-1 各类“双碳”科技创新孵化器

序号	名 称	依托单位
1	浙江省农业遥感与信息技术重点实验室	浙江大学
2	浙江省农业资源与环境重点实验室	浙江大学
3	浙江省环境污染控制技术研究重点实验室	浙江省生态环境科学设计研究院
4	浙江省海洋生物工程重点实验室	宁波大学
5	浙江省现代森林培育技术重点实验室	浙江农林大学
6	浙江省有机硅材料技术重点实验室	杭州师范大学
7	浙江省蓄能与建筑节能技术重点实验室	国电机械设计研究院
8	浙江省能源与环境保护计量检测重点实验室	浙江省计量科学研究院
9	浙江省太阳能利用及节能技术重点实验室	浙江省能源研究所
10	浙江省森林资源生物与化学利用重点实验室	浙江省林业科学研究院
11	浙江省近岸水域生物资源开发与保护重点实验室	浙江省海洋水产养殖研究所
12	浙江省风力发电技术重点实验室	浙江运达风电股份有限公司
13	浙江省森林生态系统碳循环与固碳减排重点实验室	浙江省农林大学
14	浙江省生物燃料利用技术研究重点实验室	浙江工业大学、杭州能源环境工程公司
15	浙江省城市湿地与区域变化研究重点实验室	杭州师范大学
16	浙江省建筑节能应用技术重点实验室	浙江省建筑科学设计研究院
17	浙江省固体废物处理与资源化重点实验室	浙江工商大学
18	浙江省海洋渔业资源可持续利用技术研究重点实验室	浙江省海洋水产研究所
19	浙江省电池新材料与应用技术研究重点实验室	浙江大学

序号	名　称	依托单位
20	浙江省海洋可再生能源电气装备与系统技术研究重点实验室	浙江大学
21	浙江省林业生物质化学利用重点实验室	浙江农林大学
22	浙江省燃煤烟气净化装备研究重点实验室	浙江菲达环保科技股份有限公司
23	浙江省土壤污染生物修复重点实验室	浙江农林大学
24	浙江省废弃生物质循环利用与生态处理技术重点实验室	浙江科技学院
25	浙江省火力发电高效节能与污染物控制技术研究重点实验室	浙江浙能技术研究院有限公司
26	浙江省农村水利水电资源配置与调控关键技术重点实验室	浙江水利水电学院
27	浙江省深远海风电技术研究重点实验室	中国电建集团华东勘测设计研究院有限公司
28	浙江省深蓝渔业资源高效开发利用重点实验室	浙江工业大学
29	浙江省海岸带环境与资源重点实验室	西湖大学
30	浙江省清洁能源与碳中和重点实验室	浙江大学、浙江大学嘉兴研究院
31	浙江省汽车智能热管理科学与技术重点实验室	浙江银轮机械股份有限公司、浙江大学、浙江正信车辆检测有限公司
32	浙江省绿色清洁技术及洗涤用品重点实验室	纳爱斯集团有限公司、浙江理工大学
33	浙江省环保公共科技创新服务平台	浙江省环境保护科学设计研究院、浙江大学、浙江工业大学
34	有色金属废弃物资源化浙江省工程研究中心	浙江工商大学
35	浙江省有机废弃物转化及过程强化技术重点实验室	宁波诺丁汉大学
36	土壤污染协同防治浙江省工程研究中心	浙江大学
37	浙江省有机污染过程与控制重点实验室	浙江大学
38	浙江省农业遥感与信息技术重点实验室	浙江大学
39	浙江省农业资源与环境重点实验室	浙江大学

序号	名 称	依托单位
40	浙江省土壤污染生物修复重点实验室	浙江农林大学
41	浙江省生态环境监测预警及质控重点实验室	浙江省生态环境监测中心
42	浙江省生态环境大数据重点实验室	浙江省生态环境监测中心
43	浙江省近海海洋工程环境与生态安全重点实验室	自然资源部第二海洋研究所
44	国家城市生态系统观测定位站	温州科技职业学院
45	国家林业和草原局竹林碳汇工程技术研究中心	浙江农林大学
46	国家林业和草原局竹林碳汇国家创新联盟	浙江农林大学

三是浙江省“双碳”科技创新取得丰硕成果。依托各大高校、科研院所及科技创新企业等创新平台，加快科技创新和产学研用发展，多项成果荣获国家级和省级奖项，以高质量创新引领支撑浙江省“双碳”高质量跨越式发展（表 3.1-2）。

表 3.1-2 浙江省“双碳”科技创新奖项

序号	类别	等级	项目名称	主要完成单位
1	国家科学技术进步奖（2016 年）	一等奖	浙江大学能源清洁利用创新团队	浙江大学
2	国家技术发明奖（2017 年）	一等奖	燃煤机组超低排放关键技术研发及应用	浙江大学、浙江省能源集团有限公司、浙江天地环保科技有限公司
3	国家科学技术进步奖（2017 年）	二等奖	竹林生态系统碳汇监测与增汇减排关键技术及应用	浙江农林大学、国际竹藤中心、中国林业科学研究院亚热带林业研究所、国家林业和草原局竹子研究开发中心、浙江科技学院等
4	国家科学技术进步奖（2017 年）	二等奖	危险废物回转式多段热解焚烧及污染物协同控制关键技术	浙江大学、杭州大地环保工程有限公司、中国市政工程华北设计研究总院有限公司、中国环境科学研究院、浙江物华天宝能源环保有限公司

序号	类别	等级	项目名称	主要完成单位
5	国家科学技术进步奖（2020年）	二等奖	氢气规模化提纯与高压储存装备关键技术及工程应用	浙江大学、合肥通用机械研究院有限公司、西南化工研究设计院有限公司、中国标准化研究院、北京海德利森科技有限公司、浙江巨化装备工程集团有限公司等
6	国家科学技术进步奖（2020年）	二等奖	含高比例新能源的电力系统需求侧负荷调控关键技术及工程应用	国网浙江省电力有限公司、浙江大学、杭州源牌科技股份有限公司、清华大学等
7	浙江省自然科学奖（2017年）	一等奖	微生物转化生物质制油气燃料的能质传递强化机理	浙江大学
8	浙江省自然科学奖（2018年）	一等奖	生物炭多级结构调控及其土壤固碳修复原理	浙江大学
9	浙江省技术发明奖（2019年）	一等奖	大规模塔式太阳能热发电关键技术及产业化	浙江中控太阳能技术有限公司、浙江大学
10	浙江省技术发明奖（2021年）	一等奖	超高功率超级电容器的关键技术及应用	宁波大学，宁波中车新能源科技有限公司，中钢集团马鞍山矿山研究总院股份有限公司
11	浙江省科学技术进步奖（2012年）	一等奖	竹林生态系统碳过程、碳监测与增汇技术研究	浙江农林大学
12	浙江省科学技术进步奖（2015年）	一等奖	浙江省森林生态系统碳格局、碳循环及管理技术	浙江农林大学、浙江省森林资源监测中心、浙江省林业科学研究院、中国林业科学研究院亚热带林业研究所
13	浙江省科学技术进步奖（2016年）	一等奖	燃煤机组超低排放关键技术研发及产业化	浙江省能源集团有限公司、浙江大学、浙江天地环保工程有限公司、浙江浙能技术研究院有限公司
14	浙江省科学技术进步奖（2017年）	一等奖	低风速风电机组关键技术及产业化	浙江运达风电股份有限公司、中科宇能科技发展有限公司、浙江大学等

序号	类别	等级	项目名称	主要完成单位
15	浙江省科学技术进步奖（2019 年）	一等奖	陆源入海碳通量动态监测关键技术及应用示范	自然资源部第二海洋研究所、浙江大学、厦门大学、国家海洋环境监测中心等
16	浙江省科学技术进步奖（2019 年）	一等奖	工业锅炉/炉窑烟气多污染物控制关键技术与催化材料	浙江大学、煤炭科学技术研究院有限公司、浙江天蓝环保技术股份有限公司等
17	浙江省科学技术进步奖（2019 年）	一等奖	含高比例分布式新能源的电力系统灵活负荷控制关键技术及应用	国网浙江省电力有限公司、浙江大学、国网浙江省电力有限公司嘉兴供电公司等
18	浙江省科学技术进步奖（2020 年）	一等奖	大型高效水力发电机组关键技术及工程应用	浙江大学、浙江富春江水电设备有限公司、中国葛洲坝集团机电建设有限公司、杭州力源发电设备有限公司等
19	浙江省科学技术进步奖（2021 年）	一等奖	船舶尾气高效净化关键技术及应用	浙江浙能迈领环境科技有限公司，浙江大学，宁波中策动力机电集团有限公司，浙江省能源集团有限公司，宁波大学，浙江天地环保科技股份有限公司，浙江海亮环境材料有限公司，浙江大学嘉兴研究院，深圳睿境环保科技有限公司
20	浙江省科学技术进步奖（2021 年）	一等奖	多能源储能变换方法和调控技术及装备	浙江大学，科华数据股份有限公司，嘉兴斯达半导体股份有限公司，中国电建集团华东勘测设计研究院有限公司
21	高等学校自然科学奖（2016 年）	一等奖	生物质热化学定向转化分级制取高品位液体燃料	浙江大学
22	高等学校科学技术进步奖（2017 年）	一等奖	大型油气锅炉燃烧振动控制技术	浙江大学、东方电气集团东方锅炉股份有限公司、山东电力建设第三工程公司
23	高等学校自然科学奖（2018 年）	一等奖	多尺度多相过程中的相间作用机理研究	浙江大学

序号	类别	等级	项目名称	主要完成单位
24	高等学校科学技术进步奖（2019 年）	一等奖	农林废弃物类生物质流态化清洁高效燃烧技术及产业化	浙江大学、中国环境保护集团有限公司、南通万达锅炉有限公司、广东省能源集团有限公司、理昂生态能源股份有限公司、华西能源工业股份有限公司

3.2 “双碳”科技创新企业

企业是科技和经济紧密结合的重要力量，是技术创新决策、研发投入、科研组织、成果转化的主体。根据《中国区域创新能力评价报告 2020》，浙江省企业技术创新能力居全国第三位，在绿色低碳领域作用发挥显著，为绿色高质量发展提供了有力支撑。

一是科创平台建设支撑能力不断加强。浙江省绿色低碳科创企业积极参与基础研究和技术创新平台建设，作为主要依托单位，在“双碳”领域完成了 1 家国家重点实验室和 13 家省级重点实验室的建设与认定。重点实验室研究方向以能源利用为主（表 3.2）。浙江省低碳科创企业在提升自主创新能力、引领和带动“双碳”领域行业技术进步的同时，还通过与高等院校和科研院所的协同合作，促进各类创新要素向平台集聚，全力支撑绿色低碳高能级科创平台的建设。

表 3.2 部分依托企业建设的浙江省“双碳”领域国家级和省级重点实验室

序号	建设年份	名称	依托单位
1	2015	含氟温室气体替代及控制处理国家重点实验室	浙江省化工研究院有限公司
2	2007	浙江省蓄能与建筑节能技术重点实验室	华电电力科学研究院有限公司
3	2008	浙江省环境与安全检测技术重点实验室	聚光科技（杭州）有限公司

序号	建设年份	名称	依托单位
4	2008	浙江省化工新材料重点实验室	浙江省化工研究院有限公司
5	2009	浙江省风力发电技术重点实验室	浙江运达风电股份有限公司
6	2009	浙江省有机污染过程与控制重点实验室	浙江大学、浙江华特新材料公司
7	2010	浙江省生物燃料利用技术研究重点实验室	浙江工业大学、杭州能源环境工程公司
8	2010	浙江省建筑节能应用技术重点实验室	浙江省建筑科学设计研究院有限公司
9	2010	浙江省分布式电源与微网技术研究重点实验室	国网浙江省电力有限公司电力科学研究院
10	2014	浙江省燃煤烟气净化装备研究重点实验室	浙江菲达环保科技股份有限公司
11	2017	浙江省火力发电高效节能与污染物控制技术研究重点实验室	浙江浙能技术研究院有限公司
12	2019	浙江省深远海风电技术研究重点实验室	中国电建集团华东勘测设计研究院有限公司
13	2019	浙江省低品位能源利用国际联合实验室	浙江浙能兴源节能科技有限公司、浙江浙能技术研究院有限公司、浙江工业大学、芬兰拉普兰塔理工大学等
14	2021	浙江省汽车智能热管理科学与技术重点实验室	浙江银轮机械股份有限公司、浙江大学、浙江正信车辆检测有限公司

二是科技创新技术实力稳步提升。自“十三五”时期以来，浙江省优秀“双碳”科创企业充分发挥技术创新主体作用，加强与高校科研机构的紧密合作，推动创新要素向企业集聚，促进产学研深度融合，多项成果荣获国家级和省级奖项，如浙江省能源集团有限公司、浙江天地环保科技有限公司联合浙江大学完成的燃煤机组超低排放关键技术研发及应用项目，获得 2017 年国家技术发明奖一等奖。国网浙江省电力有限公司、杭州源牌科技股份有限公司联合浙江大学完成的含高比例新能源的电力系统需求侧负荷调控关键技术及工程应用项

目，获得 2020 年国家科学技术进步奖二等奖，浙江运达风电股份有限公司、中科宇能科技发展有限公司联合浙江大学完成的低风速风电机组关键技术及产业化项目，获得浙江省科学技术进步奖一等奖，等等，进一步夯实了企业创新主体地位，为浙江绿色低碳科技创新注入不竭动力。

三是龙头企业前瞻布局“双碳”技术。入围世界 500 强的浙江企业作为行业先行者，始终坚持技术创新，将实现绿色低碳发展作为企业高质量发展的内驱动力，在“双碳”领域前瞻布局了一系列技术。其中，阿里巴巴集团控股有限公司于 2022 年 4 月宣布对外免费开放九项关键的数据中心低碳专利。浙江吉利控股集团有限公司与冰岛碳循环国际公司合作开发了一种将 CO_2 转化为清洁甲醇的可持续发展方法，于 2019 年推出了 M100 甲醇重卡牵引车。物产中大集团股份有限公司的子公司嘉兴新嘉爱斯热电有限公司构建了生物质/污泥等低碳燃料利用耦合智能调控数字化平台的热-电-气-冷绿色低碳综合能源供应系统。此外，天能电池集团有限公司、横店集团东磁股份有限公司、浙江隆基乐叶光伏科技有限公司、浙江运达风电股份有限公司等多家优秀高新技术企业在“双碳”领域具有显著的产业链创新辐射带动作用，被评为浙江省创新型领军企业。

3.3 “双碳”领域科普平台

推动绿色低碳发展任重而道远，需要政府推动，更需要企业和民间组织、学校等全社会的共同参与。浙江省积极推进全省“双碳”科普阵地建设、科普活动落地，系统构建社会力量广泛参与、科普资源共建共享、科普服务联盟化发展的新机制。

一是聚力打造“双碳”科普平台。浙江省积极建设各类科普平台，依托相关平台开展“双碳”宣传。截至目前，全省共有省级以上科普教育基地 343 家、生态文明教育基地 238 家、国家级生态环境科普基地 6 家。各类科技馆、博物馆等科普宣传场馆，加快自身体系升级，加大“双碳”科普基础设施建设力度，组建专业科普团队，打造专业化科普平台。

二是积极开展品牌科普活动。全省学会/协会、国家级/省级生态环境科普基地、省内各类科技场馆、博物馆等，紧跟国家政策，围绕“双碳”理念，积极开展低碳科普活动。各科普平台依托世界环境日、全国低碳日等重大节日举办品牌科普活动，广泛宣传“双碳”相关知识、理念，涌现出浙江省“双碳”科普全省巡讲、“低碳改变环境”系列科学主题活动、浙江省大学生环保科普行等一批品牌科普活动（表 3.3）。

表 3.3 浙江省科学普及活动及学术交流

序号	活动名称	举办单位	活动内容
1	浙江省生态环境创意设计大赛	浙江省环境科学学会、浙江省环境宣教中心	已连续开展 13 届，累计征集动画、漫画、微电影等各类作品 2 000 余份，参赛作品不仅在全国大赛年度评选中脱颖而出，一些作品也入选生态环境部 2021 年度优秀生态环境宣传产品、浙江省生态环境厅世界环境日海报等
2	“低碳改变环境”系列科学主题活动	浙江杭州低碳科技馆	已连续 8 年举办，该项目还获得杭州市生态环境局、杭州市文明办授予的“美丽杭州 • 你我共建”最佳公众参与案例奖
3	“我们低碳”论坛	浙江杭州低碳科技馆	已连续开展 14 期，建立低碳智库，聘请李怒云、周国模、Jacob Weiner 等 10 名国内外著名专家学者为“低碳导师”。第 14 期“我们低碳论坛”暨浙江省“双碳”科普全省巡讲（第二场）活动，与杭州“双碳”中心签署战略合作协议
4	“低碳巧生活”“气候变化”“热泵助力碳中和”等多个系列科普短片	浙江杭州低碳科技馆	2022 年已有 7 集被学习强国平台收录，半年累计点击量已超 560 万人次
5	《碳索者联盟——科普研学程》	浙江自然博物院	面向 4～6 年级小学生，以热点新闻为切入点，以角色扮演、情境化和游戏化教学为特色，运用 PBL 项目式学习法并贯穿全课程。课程利用展览、藏品、专家、科普站等教育资源，原创设计 IP 和研学手册，获得学生和家长一致好评

专栏1 浙江省“双碳”科普宣讲典型案例

1. “双碳”科普全省巡讲

浙江省环境科学学会通过聘任碳达峰碳中和领域权威专家，组建浙江省双碳科普专家宣讲团，在全省开展“双碳”主题线上线下巡讲，同时开展调研对接、科普传播和决策咨询等活动。2022年举办了十场浙江省双碳科普专家巡讲，巡讲主题包括‘碳’循新生，‘绿’动未来、推动经济社会发展全面绿色低碳转型、海洋生态系统和蓝碳、双碳战略与绿色美好生活、双碳背景下固废环境管理、碳达峰碳中和与科技创新、喜迎二十大，科普向未来等。专家专业涵盖森林碳汇、海洋碳汇、清洁能源、化学工艺过程碳减排、氢能储输与安全等领域。

2. “双碳”主题电力科普活动

浙江省电力学会以碳达峰碳中和为主题，通过主旨报告、展板介绍等形式，加强与电力科普基地的合作，以线上线下相结合的方式，开展了科普进校园、科普进社区、科普进厂区以及空中课堂等活动。通过开展有奖环保知识竞答、生态环保书画作品展等活动，有效扩大了环保宣传受众面；邀请专家编写科普文章在电力学会公众号发布，编印《公民生态环境行为规范》宣传册，免费赠阅给社会公众；同时，通过网络举办“六五”世界环境日科普大讲堂专家讲座，组织专家走进校园，把最新的低碳知识传递给青少年；开展世界环境日主题宣传和中国“双碳”目标宣传。

3. “双碳”主题科普读物

由浙江农林大学编制的《竹林碳觅》大众科普读物、《我是吸碳王》儿童“绘画读本+中英文动漫短视频”、《幽篁国的竹林碳语》有声生态童话等一系列“双碳”主题科普读物广受大众欢迎，其中，《我是吸碳王》荣获2020年国家林业和草原局梁希科普奖一等奖。自2019年开始，浙江农林大学在线上线下、国内国外同步开展科普读物知识普及活动，在“学习强国”平台和浙江新闻App阅览量超过6.5万人；被杭州低碳科技馆纳入优秀科普素材；配套绘本读物首次印刷2万册，广泛走进竹主产区、精准扶贫区和革命老区252所中小学和幼儿园，受益人数达209 575人。

三是增强科普活动的实践性。在“双碳”科普宣传实践中，浙江省依托全省高校专业优势，充分发挥大学生的能动性，增强大学生的绿色低碳意识，培养团队精神和实践能力，促进各大高校院所大学生相互交流与学习，践行低碳。全省各大高校院所纷纷开展了系列论坛、大赛，增强了低碳科普实践性，涌现出了 CNIRI“双碳”大讲堂、大学生低碳循环科技创新大赛、大学生节能减排社会实践与科技竞赛等一批“双碳”赛事活动。

专栏 2　浙江省“双碳”科普实践活动典型案例

1．全国大学生节能减排社会实践与科技竞赛

第一届全国大学生节能减排社会实践与科技竞赛是 2008 年时任教育部高等学校能源动力类专业教学指导委员会主任委员、中国工程院院士、浙江大学岑可法教授倡导并组织全国能源学科同行共同发起的。目前，竞赛由教育部高教司和能源动力类专业教学指导委员会指导，相关高校承办，能源环保领域相关企业赞助协办，每年举行一次，浙江大学作为竞赛永久秘书处单位。竞赛于 2008 年在浙江大学成功举办，目前已经成功举办了 14 届，覆盖全国 34 个省（区）市，形成了“百所高校、千件作品、万人参赛”的发展局面。第十五届竞赛有 611 所高校的 6 218 件有效作品报名参赛，参赛人数超过 4 万人，再创历史新高。

2．首届全国大学生低碳循环科技创新大赛

大赛由中国生物多样性保护与绿色发展基金会（国家一级学会）主办，浙江省科协资源环境学会联合体、浙江大学能源工程学院、浙江科技学院等承办。大赛以“低碳循环、绿色发展”为主题，向在校大学生广泛征集低碳科技类实验研究、调研报告、产品设计与成果应用。2022年，大赛共收到省内高校参赛作品556件，省外高校参赛作品259件，内容涵盖低碳循环理论研究与现状调查、资源能源的节约技术创新或新产品开发、废弃物的循环利用技术创新或新产品开发、新能源的开发利用或新产品开发、温室气体减排与固碳增汇技术创新或新产品开发、低碳循环对生物多样性保护的研究，影响力广泛。

3.4 发展趋势

面向未来，浙江将围绕“双碳”领域技术需求，聚焦重点领域，实施创新平台能级提升、创业创新主体培育和高端人才团队引育三大工程，加大对优势科研平台、企业和团队的支持力度，建立稳定支持机制。创新平台能级提升方面，支持能源清洁利用、含氟温室气体替代及控制处理等国家重点实验室积极争创全国重点实验室；以太阳能利用、氢能利用、先进储能、CCUS 等清洁低碳技术为主攻方向，整合优势单位组建省实验室；聚焦太阳能利用、氢能和智慧综合能源供应等先进技术，支持优势单位创建国家工程研究中心、省技术创新中心。创业创新主体培育方面，支持头部企业集成产业链上下游企业、高校、科研院所等创新资源，组建任务型、体系化的创新联合体等开展协同创新；构建协同发展生态圈，推动绿色低碳技术领域头部企业开放各类创新资源，引导中小微企业向“专精特新”发展。高端人才团队引育方面，积极引进培育一批能推动和引领绿色低碳技术创新发展的顶尖人才和领军人才及团队，重点支持“领域专精、层次高端、梯队有序”的高水平创新团队建设；加强技术转化人才培养，聚焦“双碳”技术需求，构建高校、科研院所、企业“三位一体”的人才流动机制。

第四章

浙江省碳达峰碳中和科技发展展望

《中共中央、国务院关于完整准确全面贯彻新发展理念 做好碳达峰碳中和工作的意见》和《2030年前碳达峰行动方案》为我国碳达峰碳中和工作明确了时间表、路线图和施工图。此后，浙江省委、省政府印发《关于完整准确全面贯彻新发展理念 做好碳达峰碳中和工作的实施意见》，为浙江明确了三个阶段性目标——到2025年，绿色低碳循环发展的经济体系基本形成，单位地区生产总值能耗、单位地区生产总值 CO_2 排放降低率均完成国家下达目标；到2030年，经济社会发展全面绿色转型取得显著成效；到2060年，绿色低碳循环经济体系、清洁低碳安全高效能源体系和碳中和长效机制全面建立，非化石能源消费比重达到80%以上，开创人与自然和谐共生的现代化浙江新境界。在“双碳”目标指引下，浙江省坚持问题导向、系统布局，聚焦绿色低碳循环发展关键核心技术，推动低碳前沿技术研究和产业迭代升级，在关键技术与产业发展、创新平台建设、政策规划等方面取得了显著进展。

党的二十大报告提出，要“以国家战略需求为导向，集聚力量进行原创性引领性科技攻关，坚决打赢关键核心技术攻坚战”“积极稳妥推进碳达峰碳中和”。中国共产党第十五次全国代表大会提出，要“牢牢把握实施创新驱动发展战略的要求”“抢占绿色低碳科技革命先机”。未来，应立足碳达峰碳中和技术需求，明确各阶段低碳科技发展思路，优化低碳科技研发布局，攻克一批卡点技术，示范一批先进技术，推广一批应用技术，部署一批超前研究，力争在技术平台、政策机制、数字信息、人才队伍、龙头企业等方面打造彰显浙江特色的示范引领样板，更好更快地推动浙江省绿色低碳技术创新发展，全面支撑“双碳”目标实现。

4.1 超前部署，在突破关键核心技术上彰显浙江示范

瞄准国际先进水平，深入实施“双尖双领”计划，强化重点领域关键核心技术攻关和工程化，超前部署重大攻关项目，抢占绿色低碳前沿技术制高点。

一是引领零碳能源转化与存储技术，高效光伏发电、超级电容储能等技术达到国际先进水平，突破大规模混氢燃气轮机关键技术，掌握氢燃料电池数字化智能制造技术。二是“领跑”工业能效与电气化，突破余热余能高效回收、低碳原料燃料替代、工业流程重塑等技术，掌握 CO_2 监测—CO_2 捕集—CO_2 利用—CO_2 封存一体化自主核心技术并形成产业链，低碳工业技术总体达到国际先进水平。三是凸显低碳技术集成优化亮点，形成“光储直柔”与装配式建筑、智能交通、碳足迹、碳标签等关键领域创新。四是研发森林碳汇和环境综合监测系统、海洋碳汇动态监测与评估技术。

4.2 改革创新，在构建管理体制机制上打造浙江样板

坚持走在前列的改革精神，创新并综合运用各类政策工具，健全管理机制，为浙江实现“双碳”目标提供科学高效的制度供给。一是推进减污降碳目标政策协同。加快构建排污许可与碳排放管控协同制度，建立碳排放准入与退出制度、分区管控制度、总量与强度精细化管理制度，依托浙江省减污降碳协同创新区建设，率先探索协同管理机制。二是优化资源配置机制。建设全省“碳账户”，建立碳信用市场体系，开展碳定价机制研究，全面参与全国碳排放权交易，研究减排抵消机制，率先探索自愿减排交易市场建设。开展生态系统碳汇计量、监测和评估，推进森林、海洋碳汇计量和监测方法学研究，探索碳汇补偿和交易机制。深化“两山银行”试点建设，拓展“绿水青山就是金山银山”转化通道，健全生态产品价值实现机制。三是积极推进碳金融政策创新。探索开展碳排放权抵押贷款等绿色信贷业务，引导金融机构探索设立市场化的碳基金，建立碳减排金融支持项目库。利用再贷款、再贴现等政策工具支持气候投融资地方试点，制定投资负面清单抑制高碳投资。四是建立低碳行为和绿色消费激励政策。研究多主体碳普惠激励机制，完善绿色消费顶层设计，加快推动碳标签制度研究，加强低碳行为政策干预评估，引导居民生活消费行为低碳化。

4.3 数字赋能，在深化精准智治体系上展现浙江特色

以数字化改革为牵引，大力发展绿色数字融合新技术，培育绿色数字新生态，助力各领域、各行业实现“双碳”目标。一是加强基础、前沿和适用技术开发。突破芯片、操作系统、工业软件等基础性技术“瓶颈”，大力推进高碳行业智能化改造。超前布局未来数字技术发展，全面推动数字技术与实体经济深度融合。突破大数据汇聚、监测管理、建模分析等技术，加强碳数据管理和分析预测，强化区块链等前沿技术在碳资产管理和交易过程的应用。扶持新型智慧能源、智慧建筑、智慧交通、智能制造，促进数字减碳控碳。二是建设低碳绿色信息基础设施。加快数据中心、通信基站等信息基础设施低碳化转型，推动设施绿色集约布局，加大绿电供给力度，研发攻关节能技术，提升数字基础设施能效水平。三是建设碳达峰碳中和数智平台。以部门多跨协同数据融合为基础，建立碳达峰碳中和数智管理体系，打造“数据多源、纵横贯通、高效协同、治理闭环”的碳达峰碳中和数字化应用场景，实现监测预警、评估考核、数据回流的全链式闭环管理，以数字化手段推进改革创新、制度重塑。

4.4 重点突破，在创建先进科创平台上夯实浙江优势

构建以新型实验室体系、技术创新中心体系为核心的绿色低碳创新策源系统，推动基础研究、应用研究与产业化对接融通，以白马湖实验室、之江实验室为牵引，加快部署超前研究和核心攻关，为绿色低碳发展提供一流技术供给。一是强化基础前沿创新平台。加快推进能源与碳中和省实验室建设，支持优势单位争创国家级创新基地，推进若干全国重点实验室在浙江落地挂牌。二是构建技术应用转化平台。探索通过“实验室+孵化器”“实验室+基金”“实验室+工程师组”等模式，推动低碳技术创新成果转化应用。以关键技术瓶颈和行

业共性技术突破为重大任务，加快建设绿色低碳领域省级技术创新中心和制造业创新中心，打造支撑绿色产业链高质量发展的技术创新策源极核。三是健全公共创新服务平台。加强嘉兴秀洲光伏、长兴新能源等低碳产业创新服务综合体建设，围绕绿色低碳技术完善“众创空间—孵化器—加速器—产业园”的全链条孵化体系。四是促进区域绿色循环发展。全力支持湖州市创建国家可持续发展议程创新示范区，打造绿色低碳发展“样板间”。

4.5 引育结合，在会聚高端科技人才上贡献浙江智慧

充分认识科技人才在“双碳”工作中的基础性、先导性意义，针对“双碳”技术发展需求，强化关键领域专精尖、跨学科复合型人才及团队建设，不断优化“双碳”人才结构。一是加快领军型人才引育。结合重大引才引智工程的实施，积极引进培育一批能推动和引领绿色低碳技术创新发展的顶尖人才和领军人才及团队，重点支持“领域专精、层次高端、梯队有序”的高水平创新团队建设，为绿色低碳科技创新提供高端人才保障。二是加强工程创新人才培养。聚焦碳达峰碳中和技术需求，坚持市场导向，推进产学研深度融合，在绿色低碳重大科研和工程示范项目组织、实施和管理过程中，培养一批复合型工程创新领军人才和面向产业需求的卓越工程师。三是研究制订碳达峰碳中和专业人才培养实施方案，加强专业智库和国际化人才培养，完善碳达峰碳中和相关学科和课程设置，鼓励产学研协同、产教一体化和多学科交叉融合，推动形成多层次复合型专业人才队伍。

4.6 转化激励，在培育创新创业主体上释放浙江活力

强化绿色低碳领域创新主体培育，增强企业绿色创新动力，推动绿色创新链与绿色产业链融合发展，以绿色产业发展带动绿色共富。一是提升企业绿色

科创水平。深入实施绿色低碳技术领域“凤凰”“雄鹰”“雏鹰”和科技企业“双倍增”行动，培育一批“双碳”领域的龙头企业。推动绿色低碳技术领域头部企业开放各类创新资源，引导中小微企业向“专精特新”发展。二是打通“绿色技术”到“绿色共富”的转化通道。深入落实国家绿色技术创新“十百千”行动，鼓励和支持符合条件的“双碳”领域企业申报认定高新技术企业，激发企业创新活力。依托中国浙江网上技术市场 3.0 开设绿色技术领域分市场，推动绿色技术成果需求精准匹配和交易转化。三是增强科技金融服务企业能力。实施“浙科贷”专属融资服务项目，推动绿色领域“人才贷”、知识产权质押贷款、投贷联动类贷款增量扩面。鼓励引导金融机构投资具备商业可行性的绿色低碳成熟技术、新能源占比较高的能源生产企业、电力为主要能源的高技术企业、清洁技术占比较高的制造业等。